基于
抽象论辩理论的
稳定匹配问题研究

An Abstract Argumentation Based Study
of Stable Matching Problems

雷丽赟 著

浙江工商大学出版社 杭州
ZHEJIANG GONGSHANG UNIVERSITY PRESS

图书在版编目(CIP)数据

基于抽象论辩理论的稳定匹配问题研究 / 雷丽赟著.
— 杭州：浙江工商大学出版社，2022.4
ISBN 978-7-5178-4888-2

Ⅰ. ①基… Ⅱ. ①雷… Ⅲ. ①辩证逻辑－推理－研究
Ⅳ. ①B811.23

中国版本图书馆 CIP 数据核字(2022)第 056253 号

基于抽象论辩理论的稳定匹配问题研究
JIYU CHOUXIANG LUNBIAN LILUN DE WENDING PIPEI WENTI YANJIU
雷丽赟 著

责任编辑	郑　建
责任校对	何小玲
封面设计	浙信文化
责任印制	包建辉
出版发行	浙江工商大学出版社
	（杭州市教工路 198 号　邮政编码 310012）
	（E-mail:zjgsupress@163.com）
	（网址:http://www.zjgsupress.com）
	电话:0571-88904980,88831806(传真)
排　版	杭州朝曦图文设计有限公司
印　刷	广东虎彩云印刷有限公司绍兴分公司
开　本	880mm×1230mm　1/32
印　张	10
字　数	110 千
版 印 次	2022 年 4 月第 1 版　2022 年 4 月第 1 次印刷
书　号	ISBN 978-7-5178-4888-2
定　价	49.00 元

前　言

　　稳定匹配问题(stalle matching problem，SM)一直是数学、运筹学、经济学和社会学等领域研究的热点问题。稳定匹配问题通常以矩阵形式出现，因此多以组合数学的方法进行计算，比较依赖数组的顺序特性，适合求解性别优先的单个稳定匹配结果。图论也是求解稳定匹配较常用的理论之一，主要从稳定匹配问题的结构着手，通过求解符合某些特点的二分图来计算稳定匹配结果。无论是从组合数学的角度还是从图论的角度，对稳定匹配问题的研究都缺少系统的形式化刻画，并且求解过程高度抽象。传统的研究无法高效地判断单个配对的状态，因为一个配对必须在某个稳定匹配中才是稳定配对，因此我们必须计算出完整的稳定匹配才能判断单个配对的状态。此外,稳定匹配问题具有非单调性,而已有的研究着重分析新加入的对象以及原有对象所获得的匹配更好或者更差,不能很好地处理稳定匹配问题的动态计算问题。

论辩理论可以很好地解决上述问题。稳定匹配问题是一个在冲突的信息中进行选择—评估—再选择—再评估的过程,可以用抽象论辩框架对其进行刻画。与组合数学和图论的方法相比,基于论辩的分析更贴合我们的日常推理过程。我们将每一个配对抽象为论证,将对象间互相的偏好度抽象为论证间的二元攻击关系,因此计算稳定匹配时可以从任何一个论证入手,而不必依赖原有的顺序特征。抽象论辩框架有各种求解语义,我们可以选择现有的稳定语义和优先语义算法对不同的稳定匹配问题进行求解,如基于回答集编程的方法(answer-set programming, ASP),基于加标的方法(reinstatement labellings, RL),基于强连通分量的方法(strongly connected component, SCC)和基于绝对被驳斥论证的方法(most skeptically rejected, MSR)。论辩语义可以计算出所有稳定匹配结果,并且所求得的结果是无性别差异的(当然,对于稳定婚姻问题,男士最优和女士最优的结果也在所有的稳定匹配中)。我们可以通过提高论辩语义计算效率来提高稳定匹配的计算效率,例如,将整个论辩框架划分为多个更小的 SCC,分别计算每个 SCC,然后合并各个部分的语义;或者将绝对被驳斥论证——被基外延攻击的论证从计算过程中删除。我们可以用论辩争议树来判断单个配对是否稳定，是否属于所有稳定匹配。当稳定匹配问题发生变化时，例如增加匹配对象、改变偏好列表、删除配对，通过论辩框架可以对匹配结果的数量改变和内容变化进行分析，并且用论辩语义的动态计算对稳定匹配问题进行比较高效的重新求解。

我们首先介绍抽象论辩理论，然后用抽象论辩框架对稳定婚姻和稳定室友问题进行了刻画：包括带完整全序偏好列表的经典稳定婚姻问题（stable marriage）和经典稳定室友问题（stable roommate），带完整非全序偏好列表（又称偏序列表或无差别列表）的稳定婚姻问题（stable marringe problem with ties）和稳定室友问题（stable rommate problem with ties），带全序不完整偏好列表的稳定婚姻问题（stable marrige problem with incomplete information）和稳定室友问题（stable roommate problem with incomplete information），带非全序不完整偏好列表的稳定婚姻问题 $smti$ 和稳定室友问题 $srti$。对稳定匹配问题进行论辩形式化后，我们用论辩语义证明的方法来判断单个配对的状态；然后用稳定语义来求解 sm、smt、smi、$smti$ 问题，用优先语义求解 sr、srt、sri、$srti$ 问题。最后在静态求解的基础上根据论辩动态性的研究对稳定匹配问题的动态性进行分析，主要介绍基于划分的动态计算方法和基于论证状态的计算方法。

通过分析，我们证明稳定语义和优先语义的求解结果就是我们所要求取的相应的稳定匹配结果，并且如果稳定匹配结果存在，我们总是能用相应的论辩语义进行求解。对于某个配对，如果该配对相应的论证没有被轻信证成（在某个语义下），则该论证不属于任何外延，该配对也不属于任何稳定匹配。稳定匹配问题的论辩框架有其自身的特点——每个论证都与其他论证有直接或间接的关系，使得我们无法很好地划分 SCC，并且使用基于加标的方法也会延长判断的过程，因此，我们用基于扩展的 MSR 方法：从每一个论证出发，尝试将其扩展为最大可相容集合。对于稳定匹配问题的动态性研究，我们首先以稳定婚姻问题为例分析了配对增加或删除以及偏好列表中满意度改变对稳定匹配结果造成的影响；然后介绍基于划分的动态计算方法，并在此基础上提出基于论证状态的方法，进一步缩小需要重新计算的范围。

目　录

第 1 章　引　言

1.1　匹配问题 / 005

1.2　已有研究存在的问题 / 009

1.3　主要内容 / 015

第 2 章　论辩理论

2.1　基于扩展的定义 / 021

2.2　基于加标的定义 / 024

2.3　论辩语义的计算 / 030

　　2.3.1　基于 *RL* 的方法 / 030

　　2.3.2　基于 *ASP* 的算法 / 034

　　2.3.3　基于 *SCC* 的算法 / 036

　　2.3.4　基于 *MSR* 的算法 / 037

2.4　论辩框架的动态性 / 040

第 3 章　稳定匹配问题的论辩框架

3.1　稳定婚姻问题的论辩框架 / 043

　　3.1.1　*sm* 的论辩框架 / 044

　　3.1.2　*smt* 的论辩框架 / 053

　　3.1.3　*smi* 的论辩框架 / 056

　　3.1.4　*smti* 的论辩框架 / 061

3.2　稳定室友问题的论辩框架 / 064

　　3.2.1　sr 的论辩框架 / 065

　　3.2.2　srt 的论辩框架 / 071

　　3.2.3　sri 的论辩框架 / 073

　　3.2.4　$srti$ 的论辩框架 / 074

第 4 章　稳定匹配问题的论辩语义计算

4.1　单个配对的稳定性判断 / 079

　　4.1.1　稳定配对 / 083

　　4.1.2　固定配对 / 087

4.2　稳定匹配的求解 / 094

　　4.2.1　基于矩阵旋转的方法 / 094

　　4.2.2　基于 MSR 的计算方法 / 096

　　4.2.3　基于无冲突集合扩展的方法 / 113

第 5 章　稳定婚姻问题的论辩动态性

5.1　sm 问题:增加或删除配对 / 120

5.2　sm 问题:改变偏好列表 / 124

5.3　匹配问题的动态计算 / 127

　　5.3.1　基于划分的方法 / 127

　　5.3.2　基于论证状态的方法 / 129

第 6 章　结　语 / 136

参考文献 / 139

第 1 章

引 言

　　每年到了选择毕业论文指导老师的时候,学生都希望选到自己最喜欢的老师,老师也更愿意指导自己最欣赏的学生。目前,学校大多采用教师最优的方案——每位老师选择的学生是在现有情况下自己最满意的,但是这对学生而言却并不一定是最好的。用 M 表示师生互选的一个配对结果,用 m 表示 M 中的单个配对 (s,t),最理想的情况是 M 中的任意配对 $m(s,t)$ 对老师 t 和学生 s 都是在现有情况下最好的。也就是说,对于在 M 中没有配对成功的学生 s' 和老师 t',或者 s' 不是 t' 最好的选择,或者 t' 不是 s' 最好的选择,或者两者都不是对方最好的选择:不可能存在学生 s' 和老师 t' 彼此最喜欢对方,但却没有得到配对的情况。在老师和学生人数相等的情况下,所有的师生都能得到配对;但也可能出现更复杂的情况:学生人数是老师人数的 n 倍,则每个老师要指导 n 个学生;每个学生都由两位老师共同指导;学生对两位或多位老师的意向性相同;老师对两名或多名学生都很欣赏;还有一种可能就是学生对选择没有偏好的情况。

还有很多类似的情况,例如教室排座问题、寝室床位分配问题等等,研究最多的要数稳定婚姻问题:男士和女士进行集体相亲,每一位男士和女士都希望能选到自己最满意的伴侣,否则容易出现感情危机。如表 1.1 所示,有 10 位男士(表上半部分)和 10 位女士(表下半部分)以结婚为目的进行匹配。每一位对象的基本情况包括年龄、居住地、学历和身高 4 个参数,并且对异性的这 4 个参数有各自的要求。最理想的情况是:每一位男士都与一位女士配对成功。当然,在实际的案例中,很有可能出现某位对象得不到异性配对的情况。例如,第一位男士李展不接受异地的女士,因此所有女士不符合他的要求。再例如,第七位女士章燕倬要求男士的身高在 180 cm 以上,同样地,所有男士都不符合她的要求。还有一种可能是:某位对象对多位异性的选择度相同。例如,第九位男士柳弘接受的女士有路菡、李菁清、章燕倬,但是三位女士不接受柳弘。对于任何一位对象来说,只要自己不接受某位异性或者某位异性不接受自己,则他们就不可能得到配对。

表 1.1 稳定婚姻问题实例

姓名	年龄（岁）	居住地	学历	身高（cm）	对异性的要求
李 展	27	浙江宁波	大专	173	年龄:20－25 岁,是否接受异地:否,学历:高中(含)以上,身高:160 cm(含)以上
贾成西	29	浙江杭州	本科	170	年龄:25－32 岁,是否接受异地:是,学历:大专以上,身高:155 cm(含)以上
申恒语	26	浙江杭州	硕士	172	年龄:20－25 岁,是否接受异地:是,学历:本科(含)以上,身高:158 cm(含)以上
刘亦宁	37	浙江温州	本科	175	年龄:25－35 岁,是否接受异地:否,学历:高中以上,身高:165 cm(含)以上
董子泽	28	浙江绍兴	本科	177	年龄:20－25 岁,是否接受异地:否,学历:不限,身高:165 cm 以上
董源立	25	浙江宁波	大专	168	年龄:18－25 岁,是否接受异地:是,学历:初中(含)以上,身高:150 cm(含)以上
毕 正	44	浙江绍兴	硕士	168	年龄:35－45 岁,是否接受异地:是,学历:大专(含)以上,身高:155 cm 以上
谭哲铭	40	浙江台州	初中	169	年龄:30－38 岁,是否接受异地:否,学历:不限,身高:150 cm(含)以上
柳 弘	34	浙江衢州	初中	160	年龄:25－30 岁,是否接受异地:是,学历:初中(含)以上,身高:160 cm(含)以上
章可超	29	浙江温州	高中	156	年龄:25－30 岁,是否接受异地:否,学历:高中(含)以上,身高:165 cm(含)以上

续　表

姓名	年龄（岁）	居住地	学历	身高（cm）	对异性的要求
李菁清	30	浙江杭州	大专	165	年龄:30－40 岁,是否接受异地:否,学历:本科（含）以上,身高:170 cm（含）以上
万木华	39	浙江杭州	高中	163	年龄:40－45 岁,是否接受异地:是,学历:大专以上,身高:175 cm(含)以上
路　菡	26	浙江杭州	中专	160	年龄:25－33 岁,是否接受异地:是,学历:大专（含）以上,身高:173 cm 以上
韩小吉	21	浙江温州	初中	150	年龄:25－35 岁,是否接受异地:否,学历:初中以上,身高:170 cm 以上
杨　晓	23	浙江杭州	大专	170	年龄:20－30 岁,是否接受异地:是,学历:硕士,身高:177 cm(含)以上
柳航诗	24	浙江金华	本科	160	年龄:28－33 岁,是否接受异地:是,学历:本科（含）以上,身高:175 cm（含）以上
章燕倬	26	浙江嘉兴	高中	160	年龄:35－45 岁,是否接受异地:是,学历:大专（含）以上,身高:180 cm 以上
祁　玮	23	浙江丽水	高中	158	年龄:23－30 岁,是否接受异地:否,学历:不限,身高:174 cm(含)以上
白　米	24	浙江湖州	中专	160	年龄:25－30 岁,是否接受异地:是,学历:本科（含）以上,身高:168 cm 以上
龚伊婷	19	浙江衢州	初中	160	年龄:20－25 岁,是否接受异地:是,学历:高中（含）以上,身高:165 cm（含）以上

表 1.2　表 1.1 的初始筛选结果

	李菁清	万木华	路菡	韩小吉	杨晓	柳航诗	章燕倬	祁玮	白米	龚伊婷
李　展										
贾成西										
申恒语										
刘亦宁										
董子泽										
董源立										1
毕　正										
谭哲铭										
柳　弘										
章可超										

我们用"1"表示两位异性之间相互接受,用空白表示两位异性之间至少有一方不接受另一方。则表 1.1 的初始选择结果只有(董源立,龚伊婷)成功配对(如表 1.2 所示)。

1.1　匹配问题

上述问题都可以归为匹配问题,在我们的日常工作和生活中随处可见。匹配理论从搜索理论演化而来:搜索理论研究单个搜索者的微观经济决策,而匹配理论则研究一类或多类搜索者交叉产生的宏观经济结果。匹配理论被应用于很多经济学领域,如未就业人员与公司空缺职位之间的匹配问题(Ashlagi,2018),单身人士的婚姻匹配问题,银行对企业的贷款分配问题等①。除了在传统领域的应用,稳定匹配在城市规划——如邮局或投票站等的地理位置设置(Eppstein,2017),出行方式——如动态乘车共享系统(Wang,2018),教学系统——如课程表分布(Diebold,2014)等领域都有很大的应用价值。

匹配就是按照一定的标准将一个对象指派给另一个对象,使两者形成一个配对。稳定性是其中最重要的匹配标准,主要取决于对象给出的偏好列表。稳定匹配的核心思想就是:未匹配的两个对象不能对已匹配的对象产生威胁。如图 1.1 所示,图 1.1(a)中有一组男士和一组女士进行配对,双向实线表示两个对象得到配对。如图 1.1(b)所示,m_1 与 w_1 配对,m_2 与 w_2 配对;但是 m_1 与 w_2 互相之间的喜爱度超过他们目前的对象,因此对(m_1,w_1),(m_2,w_2)都造成了危险。m_1 与 w_2 很可能放弃目前的对象,重新选择各自更喜欢的异性。

目前研究最多的匹配问题是双边匹配,即两组不同的对象进行配对,此外还有单边匹配以及多边匹配,如图 1.2 所示。对于双边和

---

① http://en. wikipedia. orgwikiMatching_theory_(economics)。

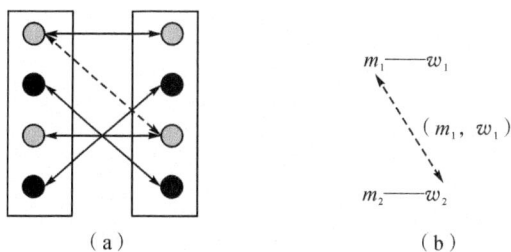

图 1.1　稳定匹配的稳定性

多边匹配问题,两组或多组对象的元素大小可能相同也可能不同,如图 1.3 所示。无论是单边、双边还是多边匹配,我们都可能有一对一配对(1-1)、一对多配对(1-p)和多对多配对的需要(k-p),如图 1.4 所示。

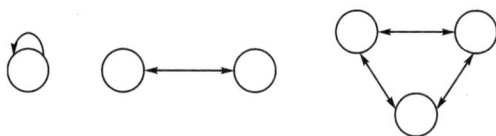

图 1.2　单边、双边和多边匹配

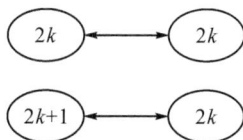

图 1.3　匹配集合的元素大小

匹配问题在计算机科学、数学、经济学、博弈论、管理科学、运筹学等领域中都有研究。早在 1952 年,稳定匹配问题的研究就得到了

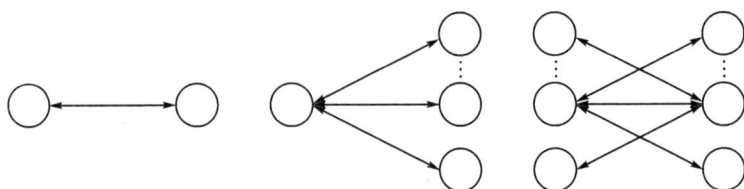

图 1.4 一对一、一对多和多对多配对

大范围的应用（National Resident Matching Program，NRMP，即美国医院－医学院实习生匹配问题）①。从 1962 年开始，稳定匹配问题得到了大量的研究（Gale，1962）。Knuth(1976)最早对稳定婚姻问题的计算及其变体进行了比较全面的研究，主要研究稳定婚姻问题的算法分析及其与其他组合数学问题的关系，并且提出了一系列问题：如最大稳定匹配数；所有稳定匹配形成的结构；稳定匹配的临近平均值；稳定匹配的算法效率；单边匹配和三边匹配问题；匹配问题与分配问题的联系。Lovász et al. 从图论的角度出发，详细地研究了匹配问题的结构和算法：如用网络流理论研究二分匹配，二分图的基本特征，用 2-matching 分析邮递员问题，用拟阵分析匹配问题，完美匹配问题以及匹配问题的各种算法（Lovász，1986）。Gusfield 和 Irving 从计算机科学的角度出发，详细分析了经典稳定匹配问题的特征，如偏好列表的不完全性；无偏向性；稳定匹配问题中的策略问题；所有稳定匹配的结构特征；稳定匹配问题的各种算法及其计

---

① www. nrmp. org。

算复杂性问题(Gusfield,1989)。Roth et al. (1992)结合博弈论对一对一和多对一的双边匹配问题进行了细致的研究,如稳定婚姻问题、公司招聘雇员问题、买家与卖家问题。Manlove(2012)主要研究了各类经典匹配问题(如稳定婚姻问题、稳定室友问题、医院一实习生分配问题、住房分配问题以及学生一项目分配问题)的算法问题,另外还研究了三边稳定匹配以及最优匹配问题。此外,稳定婚姻问题的最大稳定匹配数量也是研究的热点和难点之一(Thurber,2002)。

1.2 已有研究存在的问题

已有的研究对稳定匹配问题的类型、特征、算法、结构等方面都进行了深入的分析,但还存在一些问题。研究大多采用组合数学或图论的算法,对一般读者来说过于抽象和复杂。很多算法得出的匹配结果是性别最优的:或者是男士最优、女士最劣,或者是女士最优、男士最劣。另外,稳定匹配问题作为一个数组呈现,还缺少系统的形式化刻画,在逻辑上显得不严密。再者,稳定匹配问题的动态变化使得其具有非单调性,而传统的组合数学、图论等方法不能很好地对其进行处理;少数的稳定匹配问题动态性研究侧重于对象是否得到更好或更差的配对,较少研究稳定匹配结果的数量和内容的变化。稳定匹配问题的算法着重于匹配问题的过程分析,因此十分依赖偏好列表中的顺序参数,局限了计算的过程。

◎ **例 1.1** 假设有大小为 3 的稳定婚姻问题:$\{\alpha,\beta,\gamma\}$ 为男士集合,$\{A,B,C\}$ 为女士集合。

α	A	B	C		A	γ	α	β
β	C	A	B		B	β	γ	α
γ	B	C	A		C	α	β	γ

从例 1.1 我们可以看到,对象之间的互相偏好构成了两个矩阵,矩阵中的字母顺序代表某位对象对某位异性的偏好度,矩阵的形式决定了计算过程对顺序的依赖。传统的计算方法主要求解男士最优或女士最优的匹配结果,这也可以从矩阵中得到解释:在左侧的男士偏好列表中,α 选择排在其偏好顺序列表的第一位异性 A,因为 A 尚未与其他人配对,因此 αA 暂时配对;β 选择排在其偏好顺序列表的第一位异性 C,因为 C 尚未与其他人配对,βC 暂时配对;同样得到 γB 配对;最后得到一个稳定匹配 $(\alpha A,\beta C,\gamma B)$,这是对男士最优的,即所有男士都得到了他们最满意的对象。当然,我们也可以根据右侧女士的列表得出女士最优匹配 $(A\gamma,B\beta,C\alpha)$。从这两个稳定匹配我们可以看出,对男士最优的匹配就是对女士最差的,对女士最优的匹配就是对男士最差的。用基于偏好顺序的方

法最适合寻找性别最优的稳定匹配,而对于其他稳定匹配的求解则并不一定适用。

图论的有向图 $G=(V,E)$ 可以更直观地呈现稳定匹配问题,其中 V 为顶点集合,E 为边集合。如图 1.5 所示,例 1.1 中的每一位匹配对象都是一个顶点,任意两位异性之间的选择都是一条边。从同一个顶点出发的边成为相邻边,每个顶点 v 对其选择的所有顶点 $\Gamma(v)$ 有一个顺序列表,例如顶点 α 的选择顺序列表为 (A,B,C)。用 O 表示所有 $\Gamma(v)$ 的集合,则一个匹配问题可以表示为 $(G,(O))$。稳定匹配是一组满足以下条件的不相邻边集合:对 E 中任意边 e 和任意的稳定匹配 M,或者 $e \in M$ 或者 $e \notin M$ 并且 e 有一个顶点 v 满足 $m<_v e$[①],其中 m 为 M 中的边。我们看到,基于图论的方法虽然比基于矩阵的组合数学方法稍显灵活,但是依然需要顺序列表。

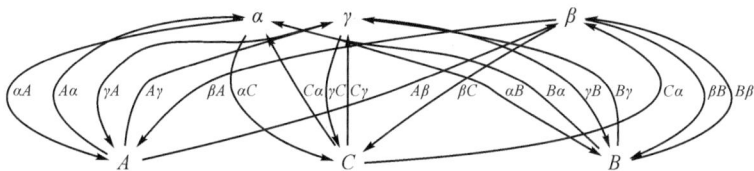

图 1.5 例 1.1 的有向图

也有研究利用所有稳定匹配构成的完整格(或哈斯图)来求解性别平等的稳定匹配(Mc Dermid,2014),即男士对他人配偶的羡慕

---

① 如果更加偏好,则在顺序列表中的位置更靠前。

次数与女士对他人配偶的羡慕次数相等。在男士最优的匹配中,男士对自己的配偶最满意,因此不羡慕其他男士的配偶,而女士对自己的配偶最不满意,因此对其他女士的配偶都羡慕,此时的匹配是性别最不平等的;同样地,女士最优的匹配也是性别最不平等的。如果要求解所有稳定匹配,则偏好列表要进行多次旋转(Gusfield, 1989),直至完成求解。对于判断单个配对的稳定性,Knuth(1976)给出了一个直接的方法,如果 m, w 在稳定匹配 M 中没有互相配对,并且,对于每一个 m', m' 对其在 M 中的匹配对象 $pM(m')$ 偏好都超过其对 w 偏好,对于每一个 w', w' 对其在 M 中的匹配对象 $pM(w')$ 偏好都超过其对 m 偏好。因此,判断一个配对的稳定性必须求解出一个稳定匹配。

对于稳定匹配问题的动态性,有一个普遍的规律:如果每位对象进行选择的顺序不同或有新对象加入,则最后进行选择或新加入的对象总是能得到最好的配对(Biró, 2007)。在稳定婚姻问题中,如果一位男士 m 将原先不接受的女士加入到其偏好列表中,则在新的男士最优和女士最优匹配中,所有女士都不会得到更糟的配对,所有男士(除了 m 自己)都不会得到更好的配对(Gusfield, 1989)。在男士最优的匹配中,如果男士没有都得到最满意的配对情况下,则可通过偏好列表的(最小的)改变以得到相应的稳定匹配(Inoshita et al., 2013)。我们看到,已有研究对稳定匹配问题的动态变化主要集中于匹配对象得到的配对更好或者更差,而几乎没有涉及稳定匹配数量和内容的变化,以及如何更高效地计算新的稳定匹配问题。

无论从组合数学还是图论的层面,对稳定匹配问题的研究都十分抽象复杂,不太符合我们的日常思维和推理模式。匹配问题多以矩阵的形式呈现,局限了稳定匹配的计算方法、配对稳定性的判定以及动态变化的研究。匹配问题的特殊呈现形式使得其缺乏形式化的系统,因此研究方法侧重点在于矩阵的顺序和有向图的结构,掩盖了匹配问题的论辩特性。因此,我们研究的主要目的是为稳定匹配问题建立逻辑上严密的形式系统,并且使得其计算过程更为贴合我们的日常思维模式。与传统的研究不同,我们尝试用论辩推理的思想来计算所有稳定匹配并且这些匹配是性别平等的。我们希望能在不求解完整的稳定匹配的前提下判定单个配对的稳定性。最后,为变化后的稳定匹配问题的重新计算提供比较高效的方法。

如图 1.6 所示,将例 1.1 中的匹配问题刻画为抽象论辩框架,每一个可能的配对都是一个论证(为有向图中的顶点),而任意两个相冲突(即有一个相同对象的两个配对)的配对间有攻击关系(为有向图中的边)[①]。论辩框架的有向图中只有最抽象的论证和论证攻击关系,而没有图论方法中的顺序列表。论辩框架求解更接近我们的思维模式,其基本思想是:我们做出的选择不能有冲突,最终得到的选择应该是可以防御的——对每一个论证的选择都有合理的理由。

---

① 此处我们仅举例做简单的对比,详细定义请参见定义 3.1。

以大小为 n 的稳定婚姻问题为例（即男士集合和女士集合均有 n 个元素），图论的有向图中有 $2n$ 个顶点，有 $2n^2$ 条边；而在抽象论辩框架的有向图中，我们有 n^2 个顶点，$n^2(n-1)$。虽然后者的顶点和边数都比前者多，但是图论的有向图还必须计算顶点顺序列表 O，对于同样大小的稳定婚姻问题，每个顶点都有 $(n-1)$ 大小的顶点选择顺序列表，而 $2n$ 个顶点总共有 $2n$ 个大小为 $(n-1)$ 的顺序列表。

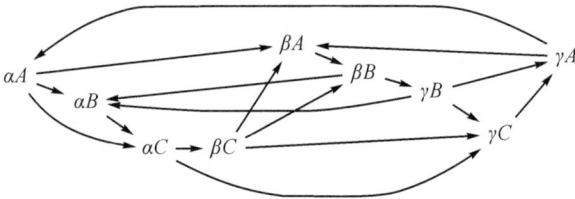

图 1.6　例 1.1 的论辩框架有向图

我们用论辩争议树来判断配对 βA 是否为稳定配对，如图 1.7 所示①，要证成根论证 βA 的为正方②，就要证否 βA 的反方。论证 βA 没有被轻信证成，因为对反方的其中一个攻击论证 αA 的攻击无法进行防御，因此其相应的配对就不属于某个稳定匹配，从而不属于任何稳定匹配。如果用 γA 来攻击 αA，则正方自相矛盾；因为 βA 无法防御 αA 的攻击，因此我们无须对其余两个攻击论证 γA 和 γC

---

　　①　有向边的标签"u"表示论证不受攻击，"p"表示有向边可以从论辩树中修剪掉。虚线的有向边表示不合法的推理步骤。争议树证明的具体规定请参见 4.1.1。

　　②　在论辩树中，根论证及与其步长为偶数的论证为正方，与根论证步长为奇数的论证为反方。

的论辩争议链进行判断。如图 1.8 所示,论证 αA 只有一个攻击论证 γA,因此我们只要找到一条争议链使得正方不自相矛盾并且给出最后一个论证,正方就赢得争议树证明。计算过程只涉及 4 个论证便可判断论证 βA 的状态,而判断论证 αA 也只用了 7 个论证。

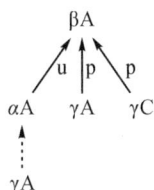

图 1.7 图 1.6 中论证 βA 的论辩树证明

$$\alpha A \longleftarrow \gamma A \longleftarrow \gamma B \longleftarrow \beta B \longleftarrow \gamma B \longleftarrow \gamma A \longleftarrow \alpha A$$

图 1.8 图 1.6 中论证 αA 的论辩树证明

我们通过简单的论辩框架和论辩证明树展示了抽象论辩理论在处理稳定匹配问题时的灵活性和高效性。匹配问题论辩形式化的其他优势将在第 3 章、第 4 章和第 5 章逐步得到体现。下面简述本研究的内容、研究的创新点和主要结果。

1.3 主要内容

论辩理论可以很好地解决上述过度依赖顺序、性别偏好等问题。稳定匹配问题是一个在冲突的信息中进行选择—评估—再选择—再评估的过程，可以用抽象论辩框架对其进行刻画。与组合数学和图论的方法相比，基于论辩的分析更贴合我们的日常推理过程。我们将每一个配对抽象为论证，将对象间互相的偏好度抽象为论证间的二元攻击关系，因此计算稳定匹配时可以从任何一个论证入手，而不必依赖原有的顺序特征。抽象论辩框架有各种求解语义，我们可以选择现有的稳定语义和优先语义算法对不同的稳定匹配问题进行求解，如基于回答集编程的方法（ASP），基于加标的方法（RL），基于强连通分量的方法（SCC）和基于绝对被驳斥论证的方法（MSR）。论辩语义可以计算出所有稳定匹配结果，并且所求得的结果是无性别差异的（当然，对于稳定婚姻问题，男士最优和女士最优的结果也在所有的稳定匹配中）。我们可以通过提高论辩语义计算效率来提高稳定匹配的计算效率，例如，将整个论辩框架划分为多个更小的 SCC，分别计算每个 SCC 然后合并各个部分的语义；或者将绝对被驳斥论证——被基外延攻击的论证从计算过程中删除。我们可以用论辩争议树来判断单个配对是否稳定，是否属于所有稳定匹配。当稳定匹配问题发生变化时，例如增加匹配对象、改变偏好列表、删除配对，通过论辩框架可以对匹配结果的数量改变和内容变化进行分析，并且用论辩语义的动态计算对稳定匹配问题进行比较高效的重新求解。

在用论辩框架对稳定匹配问题进行形式化时，我们主要回答以下 3 个问题：

(1)稳定匹配问题的稳定匹配一定是完备的吗？

(2)论辩框架的稳定语义求解结果是稳定匹配吗？

(3)稳定匹配问题的稳定匹配一定能用稳定语义求解吗？

我们首先介绍抽象论辩理论，包括抽象论辩框架，抽象论辩语义以及语义的两种定义方法——基于扩展的方法和基于加标的方法。然后用抽象论辩框架对带完整偏好列表的稳定婚姻问题和稳定室友问题进行刻画[包括带完整全序偏好列表的经典稳定婚姻问题 sm，带完整非全序（又称无差别）偏好列表的稳定婚姻问题 smt，带全序不完整偏好列表的稳定婚姻问题 smi，带非全序不完整偏好列表的稳定婚姻问题 $smti$，带完整全序偏好列表的经典稳定室友问题 sr，带完整非全序（又称无差别）偏好列表的稳定室友问题 srt，带全序不完整偏好列表的稳定室友问题 sri，带非全序不完整偏好列表的稳定室友问题 $srti$]。带不完整偏好列表的稳定匹配问题可能不存在稳定匹配，即其抽象论辩框架可能存在奇数攻击环；我们将偏好不完整的配对看作不可接受配对，在论辩框架中是不被激活的，因此在抽象论辩框架实例中是肯定不能被证成的。对稳定匹配问题进行论辩形式化后，我们针对不同的偏好列表采用不同的论辩语义：sm、smt 问题的稳定语义就是稳定匹配，smi、$smti$、sr、srt、sri、$srti$ 问题的优先语义就是稳定匹配。在证明了论辩语义和稳定匹配之间的对等之后，我们首先用论辩语义证明的方法来判断单个配对的状态;然后简要介绍论辩语义的计算方法并对稳定匹配问题的论辩框架的求解进行分析。最后在静态求解的基础上根据论辩动态性的研究对稳定匹配问题的动态性进行分析,主要介绍基于划分的动态计算方法和基于论证状态的计算方法。

通过分析,我们证明稳定语义和优先语义的求解结果就是我们所要求取的相应的稳定匹配结果,并且如果稳定匹配结果存在,我们总是能用相应的论辩语义进行求解。对于某个配对,如果该配对相应的论证没有被轻信证成(在某个语义下),则该论证不属于任何外延,该配对也不属于任何稳定匹配。稳定匹配问题的论辩框架有其自身的特点——每个论证都与其他论证有直接或间接的关系,使得我们无法很好地划分 SCC,并且使用基于加标的方法也会延长判断的过程,因此,我们用基于扩展的 MSR 方法:从每一个论证出发,尝试将其扩展为最大可相容集合。对于稳定匹配问题的动态性研究,我们首先以稳定婚姻问题为例分析了配对增加或删除以及偏好列表中满意度改变对稳定匹配结果造成的影响;然后介绍基于划分的动态计算方法,并在此基础上提出基于论证状态的方法,进一步缩小需要重新计算的范围。

第2章

论辩理论

推理的发展经历了从感性到理性、从具体到抽象的过程。论辩推理产生于实践，因此推理一开始总是感性的、具体的。在人们对感性材料进行逻辑思维加工以后，推理变成了理性的、抽象的。推理除了从感性到理性、从具体到抽象的发展，也经历了从单调到非单调的发展。传统的经典逻辑都是以不矛盾的公理集合出发进行单调推理，无法处理自然语言中推理的不确定和变动。因此非单调推理方法的出现就显得十分迫切。溯因推理、缺省推理、关于知识的推理和信念修复等非单调推理方法得到了迅速的发展。

在 Hamblin 重新提出论证概念之后，论辩学者们结合非形式逻辑，建立了一系列实际的方法并将之应用到论辩当中。随着计算机科学和人工智能的加入，论辩的模型和技术有了坚实的支持，论辩推理的理论也有了长足的发展。其中发展最为迅速、应用最为广泛的理论就是抽象论辩理论（Dung，1995）。人工智能领域的大多数非单调推理方法和逻辑程序都可以看作是抽象论辩理论框架的特殊形式，并且用抽象论辩理论可以分析很多实际问题的逻辑结构。

人们在日常生活中无时无刻不在进行论辩推理。比如，今天晚上吃什么，两双款式相似、价位接近的鞋子选哪一双，听到一个坏消息要不要告诉某人，等等。推理和论辩存在于生活和工作的各个领域，如政治论辩、法律论辩、科学论辩、数学论辩、会话论辩等等。这些日常论辩最大的特点就是非单调性，是经典的单调逻辑无法处理的，而抽象论辩框架（Dung，1995）则是对各种非单调推理进行形式化研究最有力的工具之一。

在实际的推理过程中，我们经常会在冲突、不一致或不完全的信息前提下进行推理并得出某个结论，而在新信息出现的时候可能推翻原有结论。

论证可以是简单命题、复杂命题，也可以是一条推理规则或一个事实，或者由多个从前提到结论的子论证组成。一个论证可以攻击另一个论证的结论、前提或者从前提到结论的推出关系。但在抽象论辩理论中不考虑论证的内部结构。我们把所有信息形式化为最抽象的论证（不涉及论证的内部结构），并且把论证间的这种冲突或不一致抽象化为二元攻击关系,因此得到一个论辩框架。

◎ **定义 2.1**　一个抽象论辩框架(简称为 AAF)是一个二元组 $AF=\langle A,R \rangle$,其中 A 是所有论证的集合,R 是 A 上的二元关系, 即 $R \subseteq A \times A$。[①]

2.1　基于扩展的定义

　　直观上,我们推出的结论之间不应该有冲突或不一致的情况, 即要求所获得的论证集合是无冲突的。

◎ **定义 2.2**　对于两个论证 a 和 b,aRb 意即 a 攻击 b;类似地,我们 说一个论证集合 S 攻击论证 b(或论证 b 受 S 的攻击),当 b 受 S 中的某个论证攻击。

◎ **定义 2.3**　一个论证集合 S 是无冲突的,如果 $\nexists a,b \in S$ 使得 a 攻击 b。

　　求解外延是一个论证集合不断被扩大的过程。判断一个论证是否 可以被加入某个无冲突论证集合 S 有一定的标准:只有那些对 S 可接 受的论证可以被加入。可接受性是一个论证 a 相对于一个论证集合 S 而言,即 S 可以对 a 进行防御。加入 S 的论证都是对 S 可接受的,因此,

---

① 　定义 2.1 至定义 2.11 均来自(Dung,1995)。

论证集合 S 是可相容的。可接受性和可相容性的形式化定义如下。

◎ **定义 2.4** 一个论证 $a \in A$ 对一个论证集合 S 可接受，当且仅当，$\forall b \in A, bRa$，都有 SRb。

◎ **定义 2.5** 一个无冲突论证集合 S 是可相容的，当且仅当 S 中的每一个论证都对 S 可接受。

◎ **定义 2.6** 论辩框架 AF 的一个优先外延是 AF 的最大可相容集合（在集合包含的意义上）。AF 的优先外延集合记作 $\varepsilon_{PR}(AF)$。

有的时候，我们需要给一个论辩框架中的所有论证都指派确定的状态：被接受或者被拒绝。如果有论证的状态不能确定，我们就说指派不成功。

◎ **定义 2.7** 一个无冲突论证集合 S 是稳定外延，当且仅当，S 攻击所有不属于 S 的论证。

论辩框架不一定存在稳定外延，但我们可以在最大范围内求取稳定外延，即半稳定外延。

◎ **定义 2.8** 一个论证集合 S 是 AF 的半稳定外延，当且仅当，$S \cup S^+$ 最大①（在集合包含的意义上）。

在求取外延的过程中，我们总是只把那些对某个集合可接受的论证取进来，这可以由下面的特征函数来实现。

———————————

① S^+ 表示论证集合 S 所攻击的所有论证的集合；S^- 表示攻击论证集合 S 的所有论证的集合。

◎ **定义 2.9** 论辩框架 AF 的一个特征函数 $F_{AF}:2^A \rightarrow 2^A$ 定义如下：

$$F_{AF}(S) = \{a \mid a \text{ 对 } S \text{ 可接受}\}$$

在案件调查过程中，有一部分证据是确定为真的，而有一部分是可能为真的。我们可以绝对相信的只有那些确定为真的证据，也就是特征函数取其最小不动点。

◎ **定义 2.10** 论辩框架 AF 的基外延 $\varepsilon_{GR}(AF)$ 是特征函数 F_{AF} 的最小不动点。

一般来说，一个理性的推理者或论辩者会接受所有他/她可以辩护（或防御）的论证，因此会选择最大的可相容集合。

◎ **定义 2.11** 一个可相容论证集合 S 是 AF 的完全外延，当且仅当，每一个对 S 可接受的论证都在 S 中，即 $F_{AF}(S) \subseteq S$。

抽象论辩语义的各个外延之间有如下关系：优先外延是最大的完全外延；基外延是最小的完全外延；稳定外延一定是优先外延，反之则不必然；理想外延是属于所有优先外延的最大可相容集合；半稳定外延是优先外延集合的最大子集（在集合包含的意义上）。

◎ **例 2.1** 如图 2.1，完全外延为 $\{b,g,h,q\}$，$\{b,g,h,q,i,f\}$，$\{b,g,h,q,j,f\}$；基外延是最小的完全外延 $\{b,g,h,q\}$；优先外延是最大的完全外延 $\{b,g,h,q,i,f\}$，$\{b,g,h,q,j,f\}$；该论辩框架没有稳定外延；半稳定外延与优先外延相同。

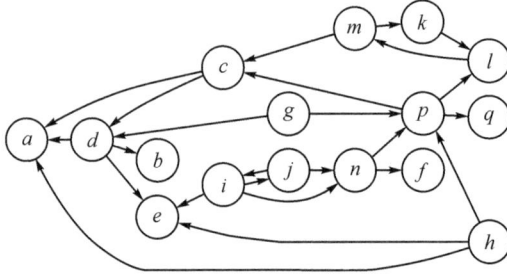

图 2.1 复杂的论辩框架

2.2 基于加标的定义

◎ **定义 2.12** （语义的加标（Caminada,2006））令 $AF=<A,R>$ 为一个论辩框架。AF 的一个加标 Lab 是一个完全函数：$A\rightarrow\{in, out,undec\}$，其中

——$in(Lab)=\{A\,|\,Lab(a)=in\}$，

——$\{out(Lab)=A\,|\,Lab(a)=out\}$，

——$\{undec(Lab)=A\,|\,Lab(a)=undec\}$。

对应基于扩展的论辩语义定义，基于加标的论辩语义定义如下（Caminada,2006）。

● 可相容加标：Lab 是可相容加标，当且仅当，对 $\forall a\in A$ 都有：

(1)如果 a 被标为 in，则 a 的所有攻击者都被标为 out；

(2)如果 a 被标为 out，则 a（至少）有一个攻击者被标为 in。

● 完全加标：Lab 是完全加标，当且仅当，对 $\forall a \in A$ 都有：

(1)如果 a 被标为 in，则 a 的所有攻击者都被标为 out；

(2)如果 a 被标为 out，则 a（至少）有一个攻击者被标为 in；

(3)如果 a 被标为 $undec$，则不是 a 的所有攻击者都被标为 out，并且 a 没有被标为 in 的攻击者[①]。

● 优先加标：Lab 是优先加标，当且仅当，$in(Lab)$ 是所有完全加标中最大的。

● 基加标：Lab 是基加标，当且仅当，$in(Lab)$ 是所有完全加标中最小的。

● 稳定加标：一个完全加标 Lab 是稳定加标，当且仅当，$undec(Lab) = \varnothing$。

从上述定义可以看到，基于加标的定义中的 $in(Lab)$ 与基于扩展的定义的外延之间是一一对应的。

审慎语义（Coste-Marquis，2005）认为抽象论辩语义是反直觉的，因为两个有争议的论证（一个论证到另一个论证既有偶数攻击链又有奇数攻击链）有可能属于同一个外延。审慎语义规定有间接

---

① 即：a 的攻击者全部被标为 $undec$；或者 a 的攻击者部分被标为 out，部分被标为 $undec$。

冲突的两个论证(从一个论证到另一个论证有一条奇数攻击链)不能属于同一个外延。

◎ **定义 2. 13** (审慎可相容)令 $AF=\langle A,R\rangle$ 为一个有限的论辩框架。论证集合 $S\subseteq A$ 是审慎可相容的,当且仅当,S 可相容且无间接冲突,即,$\nexists a,b\in S$,使得从 a 到 b 有一条奇数攻击链(Coste-Marquis,2005)。

　　——S 是审慎完全外延,当且仅当,每一个都对 S 可接受的论证都在 S 中且 S 无间接冲突。

　　——S 是审慎优先外延,当且仅当,S 是最大的审慎可相容集合。

　　——S 是审慎稳定外延,当且仅当,S 攻击每一个论证不属于 S 的论证且 S 无间接冲突。

　　——S 是审慎基外延,当且仅当,S 是最小的审慎完全外延。

　　根据审慎语义的定义,$\{i,n\}$ 是图 2.2 论辩框架唯一的审慎优先外延,其所有子集 $\{i\}$,$\{n\}$,$\{i,n\}$ 都是审慎可相容集合。

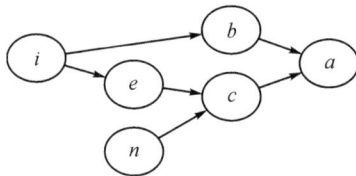

图 2.2　简单的论辩框架

因为图 2.2 中的论证 n 和 i 不受任何攻击，因此 $Lab(n) = in$，$Lab(i) = in$，$Lab_1(AF_1) = (\{n, i\}, \varnothing, \varnothing)$；$e$ 和 b 受 i 攻击，c 受 n 攻击，因此 $Lab(e) = out$，$Lab(b) = out$，$Lab(c) = out$，$Lab_2(AF_1) = (\{n, i\}, \{e, b, c\}, \varnothing)$。

那么，应该怎么给 a 加标呢？根据审慎语义，a 不在最终的外延中，因为有一个加标为 in 的论证 i 与其有间接冲突。所以 a 的加标有两种可能：out 或者 $undec$。根据完全加标的定义，如果 a 被标为 out，则至少有一个 a 的攻击者被标为 in，但事实上，a 的所有攻击者都被标为 out；如果 a 被标为 $undec$，那么 a 的攻击者不能都被标为 out 并且 a 没有攻击者被标为 in 前半部分的条件并未满足。因此 a 既不能被标为 out 也不能被标为 $undec$。

唯一合理的方法是把 a 标为 in，加标 $(\{n, i, a\}, \{e, b, c\}, \varnothing)$ 是一个并且是唯一一个可相容加标，同时也是完全加标、优先加标、基加标、稳定加标、半稳定加标和理想加标。否则，论证被取入一个外延的标准到底是什么？如果只有未受任何攻击的论证才能被取入，那么在所有的论辩有向图中，只有叶节点的论证才符合要求，这样就引出另一个问题：剩余的论证应该被标为 out 还是 $undec$？

审慎语义的底层理据是：排除有间接冲突的论证的做法可能更加审慎。但是，这个看似更加审慎的语义有时候也会令我们得到的结果更为不审慎。如下面的两个例子所示。

◎ 例 2.2

a. 周六下午小李通常会去看望他的父母,所以本周六下午他应该也会去他父母家。

b. 但是那个时候正好是巴西和葡萄牙在 2010 年世界杯的对决,小李可是个十足的巴西球迷,他肯定会在电视机前看比赛。

c. 他的电视机坏了,要到下周一才能修好。

d. 他可以在线看直播啊,他的电脑屏幕可有 30 寸呢,跟电视一样了。

如图 2.3(a),虽然从 d 到 a 有一条奇数攻击链,但是 d 和 a 之间并没有任何冲突。如果有,那么我们为什么不在两个论证之间直接画上一条攻击链呢?正如例 2.3 的论辩框架图 2.3(b)所示。

◎ 例 2.3

a. 周六下午小李通常会去看望他的父母,所以本周六的下午他应该也会去他父母家。

b. 但是那个时候正好是巴西和葡萄牙在 2010 年世界杯的对决,小李可是个十足的巴西球迷,他肯定会在电视机前看比赛。

c. 事实上他已经买好去南非的机票,今晚就飞。

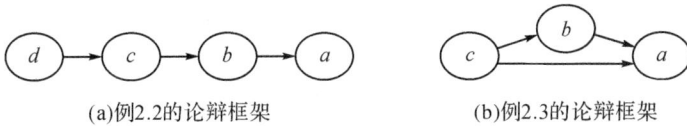

(a)例2.2的论辩框架　　　　　　　　(b)例2.3的论辩框架

图 2.3　简单的论辩框架

如图 2.4,论证 $a...m$ 都有一个被标为 in 的间接攻击者,因此都只能被标为 out。在计算语义时,图右边的子框架可以直接忽略,因此我们可能无法得到想要的结果。审慎语义的间接冲突限制太过苛刻,不仅在一定程度上违反了我们的直觉,也掩盖了论辩框架的一些特性,不能在自然语言实例中得到合理的应用。

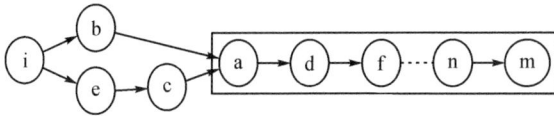

图 2.4　简单的论辩框架

经典的论辩语义主要基于攻击和防御这两个核心概念。如果一个论证受到的所有攻击都得到了防御,我们就说该论证可接受,反之则不可接受。这里的攻击是指直接攻击,而审慎语义则将攻击的定义扩大到间接攻击,认为两个具有间接攻击关系的论证同属于一个外延是反直觉的。审慎语义只是从直觉上认为经典语义在处理间接冲突时存在反直觉性,却忽略了抽象论辩框架最根本的性质:抽象,将间接冲突的条件加于抽象的二元关系上,其实已经改变了论证间最为抽象的二元攻击关系。

2.3 论辩语义的计算

在构造论辩框架并确定相应的语义后,我们可以对语义进行求解。目前的论辩语义计算方法主要研究优先语义的计算,有基于加标的方法(Verheij, 2007; Modgil, 2009),枚举划分法(Doutre, 2001),基于集合攻击的算法(Nielsen, 2006),基于回答集编程的计算方法(Egly, 2008)。但是这些方法都不能在确定的时间和空间内算出优先外延,也就是说,优先语义的计算没有易解的算法(Dunne, 2007)。因此,如何提高计算效率并降低计算复杂性成了优先语义计算的重点之一。

2.3.1 基于 RL 的方法

首先我们来回顾论辩语义的加标定义,我们根据相关语义将论证相对于某个集合的状态分为 3 种:in(在集合中);out(被集合攻击);$undec$(既不被集合攻击,又不在集合中)。

在无冲突加标中,要求一个集合中的所有论证的加标无冲突,即如果一个论证的状态为 in(即在集合中),则攻击该论证的任何论证状态都不能为 in(即不能在集合中),也就是说,两个相互攻击的论证不能属于同一个集合。

在可相容加标中，我们要求所有 *in* 的论证的加标是合法的，即如果一个论证状态为 *in*，则攻击其的所有论证都应该是 *out*。而一个论证被标为 *out* 也应该是合法的，即至少有一个攻击其的论证状态为 *in*。

在完全加标中，我们不仅要求 *in* 和 *out* 的加标是合法的，还要求 *undec* 加标也是合法的。即对一个状态为 *undec* 的论证来说，肯定不存在状态为 *in* 的论证攻击它（否则该论证状态应该为 *out*）；其次，攻击 *undec* 论证的论证不可能全部被标为 *out*，否则该论证的状态应该是 *in*。也就是说，攻击 *undec* 论证的论证，要么全部被标为 *undec*；要么一部分被标为 *undec*，一部分被标为 *out*。

在优先加标下，状态为 *in* 的论证是最多的（在集合包含的意义上），因而状态为 *out* 的论证也是最多的。

在基加标下，状态为 *in* 的论证是最少的（在集合包含的意义上），因而状态为 *out* 的论证也是最少的。

在稳定加标下，状态为 *undec* 的论证集合为空集；如果存在状态为 *undec* 的论证，则说稳定加标不存在。

在半稳定加标下，状态为 *undec* 的论证集合是最小的（在集合包含的意义上），因为半稳定外延是在最大范围内求取的稳定外延。

我们主要介绍优先语义的加标算法。优先外延是最大的可相容集合，因此我们只需要按照可相容加标的要求定义算法，求出可相容集合,然后判断其是否是集合包含意义上的最大可相容集合。首先从论辩框架的所有论证集合开始,判断每个论证的状态是否合法。对于一个状态为 *in* 的论证,如果攻击其的所有论证状态都为 *out*,则该论证的 *in* 状态就是合法的;否则就是不合法的。对于一个状态为 *out* 的论证,如果攻击其的论证中有一个被标为 *in*,则该论证的 *out* 状态是合法的;否则是不合法的,将其标为 *undec* 状态;在这种情况下,论证的 *undec* 状态也可能是不合法的,但是我们基于的是可相容加标,因此不需要考虑 *undec* 加标的合法性。

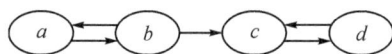

图 2.5　简单的论辩框架

假设有论辩框架 AF,其中论证 *a*、*b* 相互攻击,论证 *c*、*d* 相互攻击,论证 *b* 攻击论证 *c*(如图 2.5 所示)。我们从所有论证的集合{*a*, *b*, *c*, *d*}开始加标计算过程(如图 2.6 所示),每一个论证的初始状态都为 *in*,因为它们都在集合当中。首先判断 *a* 的状态,攻击 *a* 的论证 *b* 被标为 *in*,因此 *a* 的 *in* 状态是不合法的,将其重新标为 *out*;此时 *b* 的状态 *in* 是合法的,因为没有攻击 *b* 的论证被标为 *in*;而 *c* 的状态是不合法的,因为受到 *b* 的攻击,因此将 *c* 的状态也重新标为 *out*;所以 *d* 的状态是合法的;我们得到第一个可相容集合{*b*, *d*}。当然,我们不满足于一个可相容集合,因此再从 *b* 开始判断,类似地,得出 *b* 的状态不合法,被重新标为 *out*;*a* 的状态合法,因为没有攻击其的论

证被标为 in；然后判断 c，因为 d 的状态也为 in，因此 c 的 in 状态是不合法的，c 最终被标为 out；此时 d 的 in 状态是合法的，我们得到第二个可相容集合 $\{a,c\}$。在求解过程中，我们可以随时判断当下的论证集合是否是已求得的可相容集合的子集，如果是，则停止判断，移动到下一个论证；如果不是，则继续判断。同样地，最终我们还可以得到可相容集合 $\{a,d\}$。为了简化判断过程，我们在一开始的时候可以将所有不受攻击的初始论证以及受初始论证攻击的所有论证提取出来，分别加标为超级合法 in 和超级合法 out 状态。如果一个论证的所有攻击者都是超级合法 out 的状态，则该论证也被标为超级合法 in 的状态。这样我们就将基外延和被基外延攻击的论证集合提前抽取出来，在计算过程中处理的论证数量在一定程度上有所减少，从而提高计算速度（Liao B,et al.,2014）。

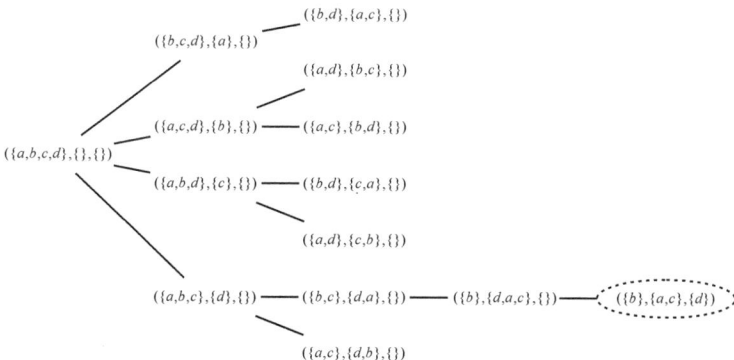

图 2.6　图 2.5 中论辩框架的加标计算过程

2.3.2 基于 ASP 的算法

我们简单介绍 Answer Set Programming Argumentation Reasoning Tool 系统对论辩框架及其稳定语义的转换（Egly，2008，2010），各种语义的转换规则可以参见 ASPARTIX 网站①，并进行在线计算②。

ASPARTIX 将论辩框架作为带限制条件的数据库输入到 DLV 解析器（Leone，2006），根据所要求的语义类型输出相应的外延。ASP 的求解方法主要基于析取逻辑，对于每一个论辩框架 F，其 ASPARTIX 转变为：

$$\hat{F} = \{arg(a) \mid a \in A \cup defeat(a,b) \mid (a,b) \in R\}$$

论证间的攻击关系被转化为驳斥关系：如果论证 x 攻击论证 y，则 x 驳斥 y。

● $defeat(X,Y): -att(X,Y).$

对于 A 的子集 S，如果没有证据表明论证 x 不在 S 中，x 就在 S 中；如果没有证据表明 x 在 S 中，则 x 不在 S 中。

● $in(X): -notout(X),arg(X).$

---

① http://www.dbai.tuwien.ac.at/research/project/argumentation/systempage/。

② http://rull.dbai.tuwien.ac.at:8080/ASPARTIXloadGraph.faces。

● $out(X) : -notin(X) , arg(X).$

我们所要求取的任何论证集合 S 必须是无冲突的,对于 S 中的任意两个论证 x、y,如果存在驳斥关系,则 S 就不是无冲突的。

● $: -in(X) , in(Y) , defeat(X,Y).$

如果一个论证 x 被论证集合 S 中的论证 y 驳斥,则 x 被 S 驳斥(与论证被集合攻击的概念类似)。

● $defeated(X) : -in(Y) , defeat(Y,X).$

最后,对于任何稳定外延 S,都必须满足以下条件:S 攻击所有不属于 S 的论证。因此,如果一个论证 x 不被 S 驳斥,却不在 S 中,则 S 就不是稳定外延。

● $: -out(X) , notdefeated(X).$

◎ **例 2.4** 给定一个论辩框架:

$AF = \langle (a,b,c,d,e) , ((a,b) , (b,a) , (b,c) , (c,d) , (d,c) , (d,e) \rangle$

我们首先得到无冲突集合:

$E_1 = \{in(a) , out(b) , out(c) , out(d) , out(e)\};$

$E_2 = \{out(a) , in(b) , out(c) , out(d) , out(e)\};$

$E_3 = \{out(a) , out(b) , in(c) , out(d) , out(e)\};$

$E_4 = \{out(a) , out(b) , out(c) , in(d) , out(e)\};$

$E_5 = \{out(a) , out(b) , out(c) , out(d) , in(e)\};$

$$E_6 = \{in(a), out(b), in(c), out(d), out(e)\};$$

$$E_7 = \{in(a), out(b), out(c), in(d), out(e)\};$$

$$E_8 = \{in(a), out(b), out(c), out(d), in(e)\};$$

$$E_9 = \{in(a), out(b), in(c), out(d), in(e)\};$$

$$E_{10} = \{out(a), in(b), out(c), in(d), out(e)\};$$

$$E_{11} = \{out(a), in(b), out(c), out(d), in(e)\};$$

$$E_{12} = \{out(a), out(b), in(c), out(d), in(e)\}。$$

在这些无冲突集合中,我们要检验所有 out 的论证是否确实被驳斥。在 E_1 中,因为 $defeat(a,b)$ 并且 $in(a)$,因此得出 $defeated(b)$;但是论证 c,d,e 都得不出 $defeated$ 状态,均为 $notdefeated$,因此违反了限制规则 2,所以 E_1 不是稳定外延。同样地,E_2,E_3,E_4,E_5,E_6,E_8,E_{11},E_{12} 都不是稳定外延,E_7,E_9,E_{10} 是稳定外延。E_7 没有违反限制条件 2,为稳定外延:$defeated(b): - in(a), defeat(a,b)$; $defeated(c): - in(d), defeat(d,c)$; $defeated(e): - in(d), defeat(d,e)$。

基于 ASP 的计算效率并不高,尤其当存在状态不确定的论证时。而基于 SCC 的方法则比基于加标和基于 ASP 的方法都要高效。

2.3.3 基于 SCC 的算法

稳定匹配中可能存在循环偏好,可将其转化为 SCC(强连通分量）：在一个有向图中，如果任何两个顶点间都可及，则说该有向图是强连通的。如果一个有向图的某个部分是强连通的，则该部分成为有向图的强连通分量。基于 SCC 的计算方法（Liao,2012a,2013b）将论辩有向图中的强连通分量看成一个独立的部分，单个论证也被看作一个强连通分量。如果一个强连通分量不受其他分量的攻击，则属于攻击链的始端，层级最高；如果受到一个其他分量的攻击，则层级降低一级；位于攻击链最末端的分量层级最低。分别计算每个独立部分的语义，然后按照强连通分量的层级合并语义。当论辩框架有向图的边与顶点密度比小于 1.5∶1 时，基于 SCC 的计算方法明显比其他方法效率更高（Liao,2013b）。

在稳定匹配问题的论辩框架中，论证间的攻击关系复杂，框架内的通路多，因此很难合理、有效地划分 SCC。

2.3.4　基于 MSR 的算法

在基于 SCC 的计算方法的基础上，如果先计算出绝对被驳斥的论证（MSR，即受基外延攻击的论证），然后将其从计算过程中删除，则 SCC 的大小可能会减小，从而进一步提高计算效率。当论辩框架有向图的密度小于 1.8∶1 时，MSR 方法对 SCC 方法的计算效率有较大提高（Liao,2013a）。当匹配问题不是双边，又或者没有明确给出偏好列表、双边匹配人数不等时，通过删除偏好列表条目进行预处理,减少问题的大小,创造出更小的模型,可大大提高解决问题的效率(Pettersson,2021)。

加标的方法很好地体现了论辩框架的本质:在不同语义下,所有论证对任意一个外延的关系应该是合法的。在所有的语义下,外延都必须满足无冲突的条件:两个冲突的论证不能同时在一个外延中。其他语义在无冲突语义的基础上增加条件。可相容语义在无冲突的基础上要求一个外延必须对自身的论证进行防御。完全语义在可相容的基础上将自己所能防御的论证全部收入。在所有的完全外延中,我们有两个极值:最小的和最大的(在集合包含的意义上),最小的完全外延是基外延,最大的完全外延是优先外延。基外延中的论证是最可靠的,在任何情况下都被接受;而优先外延是一个理性推理者能够接受的最大可相容外延。稳定语义在无冲突的基础上要求稳定外延攻击所有不属于其的论证,这个条件使得稳定外延也满足可相容:无论外部论证是否攻击内部论证,内部的论证攻击所有外部论证,因此内部的论证都得到了防御。当然,有的时候我们不一定能求得稳定外延,因为稳定外延要求一个论证要么在外延中要么被外延攻击,但我们还是可能碰到一个论证既不在外延中也不被外延攻击的情况。此时,我们如果需要求得稳定外延,那么就应该在排除那些状态不明确的论证之后求解,这样的外延是部分稳定的,称为半稳定外延。因为半稳定语义的计算不考虑不确定论证,因此半稳定外延总是存在。在稳定外延存在的情况下,半稳定外延就是稳定外延；在任何情况下，半稳定外延都是优先外延。半稳定语义下不确定论证的数量是最少的，因此半稳定外延是优先外延中最大的（在集合包含的意义上）。

回答集编程的方法基于析取逻辑的思想，目前已经有很多成熟的 ASP 解析器可以求解论证语义。但是因为语义求解过程中的不确定性，即使一个较小的论辩框架也可能要花很长的时间。

基于强连通分量的局部计算方法（Liao，2013b）大大提高了语义计算的效率。此外，基于划分的方法（Liao，2011a，2011b）还可以用来计算动态变化的论辩框架，只重新计算受影响部分的外延，然后将之与未受影响部分的外延相合成，无须重新计算整个框架的外延，提高了论辩语义的动态计算效率。

为了进一步提高优先语义计算的效率，我们提出了基于基外延的划分计算方法，用基外延将一个论辩框架分成两部分：确定的子框架（由基外延中的论证以及被基外延攻击的论证组成）和不确定的子框架（由既不在基外延中也不被基外延攻击的论证组成）。造成语义计算困难的是不确定的子框架。因此，可单独计算确定子框架和不确定子框架的优先外延，然后根据局部语义（Liao，2011a，2012b）中论辩框架的限制以及方向性概念证明该方法的完全性和可靠性。这种划分计算方法可以把匹配问题切分为子问题（Liao，2013b），缩小非确定性计算的规模，从而在一定程度上降低计算复杂性。

我们将在 4.2 部分分析上述各种计算方法是否适用于稳定匹配问题的论辩框架。

2.4 论辩框架的动态性

无论是抽象论辩框架中的论证或论证攻击关系发生变化,还是动态论辩框架中的证据集合发生变化,我们都需要重新计算论辩语义。在某种论辩语义下,外延的数量和内容如何改变,论辩框架的语义如何从一种转换到另一种,如何更加高效地求解新框架的论辩语义,这些都是论辩动态性的研究热点。

目前对基语义的动态性研究最为详尽(Cayrol,2010;Boella,2009)。在删除一个论证以及与该论证相关的所有攻击关系时,优先语义、稳定语义和基语义会呈现出不同的特性(Bisquert,2011)。假如要得到一个预期外延时,可以通过增加新的论证或攻击关系以及改变语义来实现(Baumann,2010,2012)。动态的论辩框架(Rotstein,2008,2010)引入证据来判断一个论证在某个情况下的证成。选择动态论辩框架中的不同的证据子集,就会得到不同的静态框架。激活或不激活动态论辩框架中的某些论证后,外延也会发生变化(Moguillansky,2010)。在加权论辩框架中(Bench-Capon,2002),如果权重随着时间改变,则外延也随之变化。

　　上述动态性研究侧重于定性分析单个论证或攻击关系的改变造成的影响,而基于划分的动态性方法(Liao,2011b)系统地分析了增加或删除一个子框架后如何更高效地计算论辩语义,并且证明了该方法适用于符合方向性的论辩语义。动态划分方法将一个论辩框架分为未受影响的和受影响的两个部分,其中不受影响部分中攻击受影响部分的论证被称为控制论证。受影响部分的论证状态根据控制论证的状态不同而不同,由此我们只需根据条件控制部分来重新计算受影响部分的外延,合并未受影响部分和受影响部分的外延,就可以得到完整的外延。

　　在稳定匹配问题中,我们可能遇到偏好列表改变、匹配对象临时退出、匹配条件改变等情况,因此匹配问题具有非单调性。我们可以借助论辩框架的动态性研究来分析稳定匹配的动态变化。

第 3 章

稳定匹配问题的论辩框架

稳定匹配旨在根据一定的偏好将集合中的所有成员进行配对并且满足稳定性的要求。稳定性是其中最重要的匹配标准,主要取决于对象给出的偏好列表。稳定匹配的核心思想就是:所有成员都得到配对,并且所有配对都是稳定的——未匹配的两个对象不能对已匹配的对象产生威胁。

稳定匹配问题的偏好列表可能是全序的(任何一位匹配对象给所有异性的偏好度不能相同),也可能是偏序的(匹配对象给所有异性的偏好度可以出现相同的情况),还可能是不完整的(偏好列表中的满意度缺失),因此我们需要定义不同的论辩框架。此外,根据匹配对象的不同,稳定匹配问题可以分为单边、双边和多边匹配;根据一个对象所需匹配的对象数量分为一对一($1-1$)、一对多($1-k$)和多对多($p-k$)匹配。对于双边匹配问题,匹配集合的元素可能相等,也可能不等;对于单边匹配问题,匹配集合可能有奇数个对象,也可能有偶数个对象($2k$)。我们主要研究带相等匹配集合的一对一双边稳定婚姻问题以及带偶数匹配集合的一对一稳定室友问题,主要包括带全序列表的稳定婚姻问题(sm)和稳定室友问题(sr),带不完全偏好列表的稳定婚姻问题(smi)和稳定室友问题(sri),带无差别列表的稳定婚姻问题(smt)和稳定室友问题(srt),以及带无差别不完全偏好列表的稳定婚姻问题($smti$)和稳定室友问题($srti$)。

3.1　稳定婚姻问题的论辩框架

在第 2 章我们介绍了抽象论辩框架、抽象论辩语义、动态论辩框架以及论辩的动态性研究。论辩语义的求解事实上是一个选择无冲突可防御论证集合的过程:如果选择了某个论证,则该论证攻击的所有论证和所有攻击该论证的其他论证都不能被选择。此外,我们还要在不同的语义下对选择的论证进行评估,即选择这些论证是否合理。

解决稳定匹配问题的过程就是在互相冲突的配对中进行选择-评估-再选择-再评估的论辩过程。因此,稳定匹配问题都可以用抽象论辩理论来形式化,并且形式化后的论辩框架有向图可以更直观地呈现稳定婚姻问题的结构(Morizumi,2011;Hayashi,2012)。

3.1.1 *sm* 的论辩框架

匹配问题的稳定性主要通过匹配对象给出的偏好列表体现出来,因此,我们首先对偏好列表进行介绍和相应的改变。

在已有的稳定婚姻问题研究中,偏好列表大多是选择顺序的列表。如果某位男士 m 最喜欢某位女士 w,m 就把 w 放在列表的第一位,以此类推。在计算过程中,每一位男士向女士求婚,女士可以暂时接受,也可以直接拒绝。如果女士暂时接受,则两人处于订婚阶段,下一位男士进行求婚;如果女士拒绝,则该男士可以继续向下一位女士求婚。男士可以向已经订婚的女士求婚,这时女士在未婚夫和该男士之间进行选择。如果每位男士和女士都处于订婚状态,或者每位男士都完成向所有女士的求婚,计算过程结束,我们至少可以得到一个稳定解决方案。我们来看 Gale et al.(1962)最早给出的一个例子,如表 3.1 所示:

表 3.1　顺序偏好列表及其满意度偏好列表

	A	B	C		A	B	C
α	1,3	2,2	3,1	α	3,1	2,2	1,3
β	3,1	1,3	2,2	β	1,3	3,1	2,2
γ	2,2	3,1	1,3	γ	2,2	1,3	3,1
顺序偏好列表				满意度偏好列表			

在表 3.1 中,A 是 α 的偏好列表的第一位,因此我们在满意度偏好列表中将 α 对 A 的满意度赋值为 3(即该匹配问题实例的大小 n)。也就是说,男士列表的第一位女士就是男士最满意的对象,因此男士给第一位女士的满意度分数最高,同样地,给原顺序列表中的最后一位女士的满意度分数最低。我们在计算时,不需要按照顺序列表进行搜索和比较,而可以直接从数据入手。我们可以从这两个表格中看到,顺序位置最靠前的(数字最小),则满意度也最高(数字最大)。将稳定婚姻问题形式化为一个论辩框架后,论证之间并没有先后顺序的不同,无论是用配对作为论证还是用对象作为论证。因此,我们可以从任意一个论证开始着手分析。

给定任意一个大小为 n 的 smp 实例,我们有两个元素均为 n 的集合:男士集合和女士集合。每一个成员都对另一方的所有成员有一个全序顺序偏好列表。一个匹配是不稳定的,如果当中有两位未匹配的成员相互的偏好程度超过各自目前的匹配对象。令 M 为两个集合之间的一对一匹配,如果 m 和 w 是 M 中的一个配对,我们有 $m = pM(w)$,$w = pM(m)$,$pM(m)$ 是 m 在 M 中的匹配对象,$pM(w)$ 是 w 在 M 中的匹配对象。(m, w) 是 M 的一个阻塞对,如果 m 和 w 不是 M 中的一个配对,但是 m 比 $pM(w)$ 更偏好 w,即 m 严格偏好 w(与 $pM(w)$ 相比,记作 $m >_w pM(w)$),并且 w 比 $pM(m)$ 更偏好 m,即 w 严格偏好 m(与 $pM(m)$ 相比,记作 $w >_m pM(m)$)。因此,要确定一个配对是否稳定,至少涉及 3 个配对:(m, w),$(m, pM(m))$,$(pM(w), w)$,并且是针对某个稳定匹配的。如果一个匹配至少存在一个阻塞对,则该匹配就是不稳定的,反之就是稳定的。如果一个配对 (m, w) 至少在一个稳定匹配中,则该配对是稳定的;反之则是不稳定的。如果 (m, w) 在所有的稳定匹配中,则说 (m, w) 是一个固定配对。匹配的理想结果是:每一位对象都得到配对,即在任何一个匹配中,每位对象必须且只能出现在一个配对中,这样的匹配叫作完备匹配。对于任何稳定匹配问题,如果稳定匹配结果存在未配对的对象,该匹配就是不完备的稳定匹配。

◎ **命题 3.1** 给定一个 sm 实例 I,I 的任意稳定匹配 M 都是完备的。

◎ **证明 3.1** 假设一个 sm 问题有稳定匹配 M,但是 M 不完备,即存在未配对的 m,w。我们将配对 (m, w) 加入 M 得到 M',然后检验 M' 的稳定性。对于 M 中的任意配对 (m', w'),(m'', w'') 都不存在阻塞对,我们只需判断 (m, w),(m', w') 是否存在阻塞对。假设 M'

不稳定,即存在阻塞对 (m,w') 使得 w' 更喜欢 m,m 也比 m' 更喜欢 w',M 不是稳定匹配,则 (m',w') 不是稳定配对,矛盾! 同样地,假设存在阻塞对 (m',w),也会得出 M 不稳定的矛盾。因此,M' 稳定并且完备。由此得出命题 3.1。

表 3.2　表 1.1 的满意度偏好列表

	李菁清	万木华	路菡	韩小吉	杨晓	柳航诗	章燕倬	祁玮	白米	龚伊婷
李　展	5,5	3,5	4,6	2,6	5,6	7,5	4,5	3,5	5,7	2,6
贾成西	8,7	5,7	7,8	2,6	7,8	7,7	5,6	4,6	5,8	3,7
申恒语	7,8	5,8	7,9	3,8	8,9	8,7	4,7	5,7	6,9	3,8
刘亦宁	6,7	2,7	4,7	2,7	5,6	5,7	3,7	2,6	3,7	1,7
董子泽	4,6	2,7	3,8	2,7	6,8	6,8	2,6	3,7	4,8	1,7
董源立	6,4	4,5	5,6	4,5	7,6	8,5	4,5	5,5	6,6	4,7
毕　正	6,6	5,8	5,7	2,6	6,7	7,7	4,8	4,6	5,7	3,8
谭哲铭	6,2	3,3	4,2	2,1	5,2	6,2	3,3	3,1	4,3	2,3
柳　弘	7,1	4,2	6,2	2,2	6,2	7,2	5,2	3,1	5,2	4,4
章可超	6,2	2,3	4,4	2,4	5,4	5,4	3,3	2,3	3,4	1,3

在 Gale-Shapley 算法中,匹配结果或者是对男士最优的,或者是对女士最优的,因此通过偏好列表中的顺序特征来计算更为方便。在稳定匹配问题的论辩形式化过程中,我们无须严格按照顺序列表

进行,只要能够将匹配问题的结构特征完整准确地刻画出来,因此满意度偏好列表更为适用。

如表 1.1,如果某位女士(或男士)满足某位男士(或女士)的某项条件,则该男士(或女士)对该女士(或男士)的满意度值＋1。具体地,对于年龄和身高,如果符合要求,则满意度值＋1。对于学历,初中、高中、中专、大专、本科和硕士的满意度值分别＋1,＋2,＋3,＋4,＋5,＋6。对于居住地,如果对象接受异地的异性,则对居住地相同的异性满意度值＋2,对居住地不同的异性满意度值＋1;如果不接受异地,则对居住地相同的异性满意度值＋1,对居住地不同的异性满意度值＋0。由此我们得到表 3.2,其中有些对象给异性的满意度值出现相同的情况。这样的列表称为无差别列表,我们将在 3.2.2 小节给出此类稳定婚姻问题的论辩框架以及论辩语义的形式化定义。

表 3.3　男士与女士的满意度组合列表①

	w_0	w_1	w_2
m_0	1,3	3,3	2,1
m_1	1,1	2,1	3,3
m_2	3,2	2,2	1,2

---

① 第 1 行第 1 列的(1,3)表示第一位男士对第一位女士的满意度为 1,第一位女士对第一位男士的满意度为 3,以此类推。我们将顺序列表改写为满意度列表,更方便我们对其进行论辩形式化。

根据定义（Dung,1995），对于任意配对(m_i,w_j)和(m_k,w_l)，如果$i=k,m_i$更偏好w_j，则(m_i,w_j)攻击(m_k,w_l)。同样地，如果$j=l,w_j$更偏好m_i，则(m_i,w_j)攻击(m_k,w_l)。我们用ij表示由第i位男士和第j位女士构成的论证。假设有如表3.3所示的稳定匹配问题，由此可以构造如图3.1所示的论辩框架，只有一个稳定外延$\{01,12,20\}$。

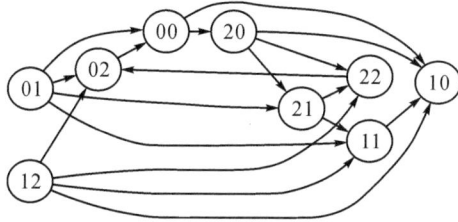

图 3.1 表 3.3 的抽象论辩框架

我们给出稳定婚姻问题论辩框架的第一个形式化定义：

◎ **定义 3.1** （sm的论辩框架）给定一个sm实例I，I的论辩框架$AF_{sm}=<A,R>$，其中A为I中所有配对的论证集合，$R\subseteq A\times A$为A上的二元关系。对于I中的任意两个配对(m_1,w_1)和(m_2,w_2)，我们用a,b分别表示它们在AF_{sm}中的论证。如果$m_1=m_2$并且$w_1\succ_{m_1}w_2$或者$w_1=w_2$并且$m_1\succ_{w_1}m_2$，则说配对(m_1,w_1)的论证a攻击配对(m_2,w_2)的论证b，即$(a,b)\in R$（Dung,1995）。

◎ **命题 3.2** 给定任意sm实例I，I的论辩框架为$AF_{sm}=<A,R>$，

AF_{sm} 的稳定外延 S 就是 I 的稳定匹配（Dung,1995）。

◎ **证明 3.2** 给定任意 sm 实例 I，I 的论辩框架为 $AF_{sm}=<A,R>$，S 为 AF_{sm} 的稳定外延，M 为 S 所对应的匹配。假设 M 不是 I 的稳定匹配，即 M 至少存在一个阻塞对 (m,w)，使得 m 比 $pM(w)$ 更偏好 w 并且 w 比 $pM(m)$ 更偏好 m，即 $m>_w pM(w)$ 并且 $w>_m pM(m)$。令 a,b,c 分别为 (m,w)，$(m,pM(m))$，$(pM(w),w)$ 的论证，则 aRb 并且 aRc。S 是稳定外延，因此 S 攻击不属于其的论证 a，即 $\exists d\in S$（其中 $d\neq b$ 并且 $d\neq c$①），使得 dRa。则论证 d 的配对或者为 (m,w')，或者为 (m',w)，并且 $w'\neq pM(m)$，$m'\neq pM(w)$。如果论证 d 的配对为 (m,w')，则 d 与 b 相互冲突；如果 d 的配对为 (m',w)，则 d 与 c 冲突。因此，S 不是无冲突集合，S 不是稳定外延。矛盾！至此我们用反证法证明 sm 问题的论辩框架的稳定外延就是稳定匹配。

sm 问题的论辩框架的稳定外延就是稳定匹配，那么，论辩框架是否总是有稳定外延？

◎ **命题 3.3** 给定任意 sm 实例 I，I 的论辩框架为 $AF_{sm}=<A,R>$，

---

① 在 sm 问题中，偏好列表是全序的，因此配对的论证间不可能有互相攻击的情况，只能是其中一个论证攻击另一个论证。

则 AF_{sm} 肯定存在稳定语义。

◎ **证明 3.3**　对于论辩框架,如果存在奇数攻击环,则可能不存在稳定语义;如果不存在奇数攻击环,则肯定存在稳定语义。我们已经知道,sm 问题的偏好列表是完全的,因此我们可以很容易地证明:偏好列表中的任何一个配对到自身的回路都是偶数长度,任意两个配对间或者存在直线攻击链或者存在偶数长度的回路。因此,sm 问题的论辩框架不存在奇数攻击环,稳定外延总是存在。由此可知 sm 问题总是存在稳定匹配。

还有一个问题:sm 问题的稳定外延是完备稳定匹配吗?

◎ **命题 3.4**　给定任意 sm 实例 I,I 的论辩框架为 $AF_{sm} = \ <A, R>$,AF_{sm} 的稳定外延 S 就是 I 的完备稳定匹配。

◎ **证明 3.4**　假设存在一个稳定外延 S,则 S 中的所有论证所对应的配对构成一个稳定匹配 M,但是这个匹配是不完备的。即,存在两个对象 m, w 没有得到配对。则 M 中没有类似 (m', w) 或 (m, w') 的配对,配对 (m, w) 与 M 中的任何配对都没有冲突。假设 (m, w) 的论证为 a,a 不在 S 中,且与 S 中的任何论证都没有冲突。a 与 S 无冲突,而稳定外延 S 必须攻击所有不属于 S 的论证,矛盾! 或者存在不属于 M 的配对 (m', w'),使得 (m', w) 或 (m, w') 比 (m', w') 和

(m,w)都更加稳定。(m',w)和(m,w')同样不属于M,因为m、w没有得到配对。因此,M中存在比(m',w)和(m,w')都更加稳定的配对,且只能是(m',w'),矛盾! 因此,稳定外延S是完备稳定匹配。由此得出命题3.4。

另一个问题:如果稳定匹配存在,我们总是可以用稳定语义求出吗?

◎ **命题3.5** 给定任意sm实例I,I的论辩框架为$AF_{sm}=<A,R>$,如果M是I的稳定匹配,则M的论证集合S是AF_{sm}的稳定外延。

◎ **证明3.5** 假设sm实例I有一个稳定匹配M,但M的配对论证集合S不是I的论辩框架AF_{sm}的稳定外延。S不是稳定外延有两种情况:一是有冲突,二是没有攻击不属于S的某个论证。M是稳定匹配,每位对象都只能与一位异性配对,因此M中的配对之间都没有冲突,S是无冲突集合。则存在论证a,a既不属于S,也不被S攻击:a的配对(m,w)不属于M,M中没有形如(m',w),(m,w')的配对。对于任何sm问题,稳定匹配总是完备的,即每个对象都能在任何稳定匹配中都得到配对。因此M肯定存在形如(m',w),(m,w')的配对,矛盾!

由上述四个命题我们可以得出命题 3.6：

◎ **命题 3.6** 给定任意 sm 实例 I，I 的论辩框架为 $AF_{sm} = <A, R>$，M 是 I 的完备稳定匹配当且仅当 M 的论证集合 S 是 AF_{sm} 的稳定外延。

在 sm 问题的偏好列表中，任何对象给所有异性的偏好值都是全序的，即不能对两位异性给出相同的偏好值。因此，sm 问题的论辩框架不会出现互相攻击的情况。每一个配对到自身的距离只能是偶数长度的，任意两个配对间的距离要么是直线攻击链，要么是偶数回路，因此 sm 问题的论辩框架没有奇数攻击环，稳定语义总是存在。我们从论辩的角度证明了 sm 问题总是存在稳定匹配结果。此外，sm 的稳定匹配总是完备的，并且一定能用论辩框架的稳定语义求解。

3.1.2 smt 的论辩框架

sm 问题是比较理想的情况：所有对象都必须给出完整的偏好列表，并且偏好列表中不允许存在相同的偏好值。而在实际情况中，匹配对象很可能无法对某两位或某几位异性做出选择。在 sm 问题的论辩框架下，论证间的攻击关系定义不适用于 smt 问题。一个简单的例子是，所有对象对所有异性的偏好都相同，则根据定义 3.1 任何两个配对之间都没有攻击关系。因此，每一个论证都不受攻击，我们可以得到唯一一个匹配结果：所有配对组成的集合。这显然不是我们所要的结果。我们需要对论证攻击关系进行重新定义：对于任意配对 (m_i, w_j) 和 (m_k, w_l)，如果 $i = k$，m_i 至少与 m_k 同等偏好 w_j，则 (m_i, w_j) 攻击 (m_k, w_l)。同样地，如果 $j = l$，w_j 至少与 w_l 同等偏好 m_i，则 (m_i, w_j) 攻击 (m_k, w_l)。

◎ **定义 3.2** （smt 论辩框架）给定一个 smt 实例 I，I 的论辩框架 $AF_{smt} = <A, R>$，其中 A 为 I 中所有配对的论证集合，$R \subseteq A \times A$ 为 A 上的二元关系。对于 I 中的任意两个配对 (m_1, w_1) 和 (m_2, w_2)，我们用 a, b 分别表示它们在 AF_{smt} 中的论证。如果 $m_1 = m_2$ 并且 $w_1 \geqslant_{m_1} w_2$ 或者 $w_1 = w_2$ 并且 $m_1 \geqslant_{w_1} m_2$，则说配对 (m_1, w_1) 的论证 a 攻击配对 (m_2, w_2) 的论证 b，即 $(a, b) \in R$。

我们对表 3.3 稍作修改，得到表 3.4 所示的无差别列表。相应地，论辩框架由图 3.1 变为图 3.2，稳定外延为 $\{01, 12, 20\}$，与原来的结果一样。

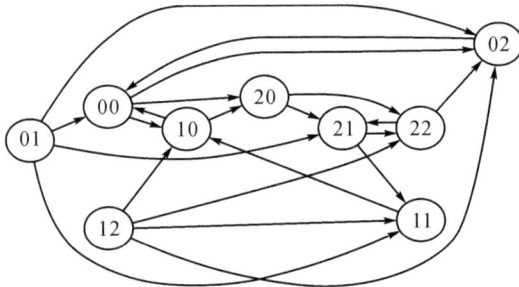

图 3.2 表 3.4 的论辩框架

表 3.4 无差别偏好列表(smt)

	w_0	w_1	w_2
m_0	2,3	3,3	2,1
m_1	1,3	2,1	3,3
m_2	3,2	2,2	2,2

smt 问题与 sm 问题的唯一区别在于偏好列表的无差别性,即任何对象都可以对两位或多位异性给出相同的偏好值。因此,smt 问题的论辩框架中可能出现论证相互攻击的情况,但仍然不可能出现奇数攻击环。因此,smt 问题的论辩框架总是存在稳定语义,且稳定外延一定是完备稳定匹配,稳定匹配一定能用稳定语义求解,即命题 3.7。

◎ **命题 3.7** 给定任意 smt 实例 I,I 的论辩框架为 $AF_{smt} = <A,R>$,M 是 I 的完备稳定匹配当且仅当 M 的论证集合 S 是 AF_{smt} 的稳定外延。

◎ **证明 3.6** 给定任意 smt 实例 I,I 的论辩框架为 $AF_{smt} = <A,R>$,S 为 AF_{smt} 的稳定外延,M 为 S 所对应的匹配。假设 M 不是 I 的稳定匹配,即 M 至少存在一个阻塞对 (m,w),使得 m 比 $pM(w)$ 更偏好 w 并且 w 比 $pM(m)$ 更偏好 m,即 $w >_m pM(m)$ 并且 $m >_w pM(w)$。令 a,b,c 分别为 (m,w),$(m,pM(m))$,$(pM(w),w)$ 的论证,则 aRb 并

且 aRc。S 是稳定外延,因此 S 攻击不属于其的论证 a,即 $\exists d \in S$,使得 dRa。则论证 d 的配对或者为 (m, w'),或者为 (m', w)。如果论证 d 的配对为 (m, w') 并且 $w' \neq pM(m)$,则 d 与 b 相互冲突;如果 d 的配对为 (m', w) 并且 $m' \neq pM(w)$,则 d 与 c 冲突。因此,S 不是无冲突集合,S 不是稳定外延。矛盾!因此不存在这样的阻塞对。如果 $w' = pM(m)$ 或者 $m' = pM(w)$,则 $d = b$ 或者 $d = c$,即 b 攻击 a 或者 c 攻击 a,也就是说,a、b 互相攻击或者 a、c 互相攻击;因为 smt 的偏好列表是无差别的,可能出现 $d = b$ 或者 $d = c$ 的情况,因此 S 可以对 a 的攻击进行防御,并且 S 是无冲突的,所以,m 并不比 $pM(w)$ 更偏好 w 或者 w 并不比 $pM(m)$ 更偏好 m,(m, w) 不是阻塞对。至此我们用反证法证明 smt 问题的论辩框架的稳定外延就是稳定匹配。同命题 3.5 的证明。

至此我们已经证明,对于 sm 或者 smt 问题:(1)稳定匹配总是完备的;(2)其论辩框架总是存在稳定语义;(3)稳定外延就是完备稳定匹配;(4)并且稳定匹配一定可以用稳定语义求解。

3.1.3 smi 的论辩框架

我们还可能遇到更一般的情况:匹配对象不想选择某位或某些异性,这样得出的偏好列表就是不完整的,即 smi 问题。一个 smi 匹配是稳定的,除了要满足稳定性之外,还有一个条件:不存在尚未配对的两位异性 m、w 并且 m 和 w 是互相可接受的。在 sm 和 smt 问题中,偏好列表是完全的,因此任何两位异性之间都是互相可接受的;而带不完全列表的 smi 和 $smti$ 则要考虑对象之间的可接受性。传统的做法是,将不可接受的配对直接从计算过程中删除,因此我们在对 smi 问题进行论辩形式化时也直接忽略不可接受配对。

对于两位匹配对象 m 和 w,(m,w) 是不可接受的配对,如果一方对另一方的偏好值为空:

● m 不选择 w,即 $(m,w)(\ ,y)$;

● w 不选择 m,即 $(m,w)(x,\ )$;

● m、w 都不选择对方,即 $(m,w)(\ ,\ )$。

◎ **定义 3.3** (不可接受的配对)给定一个 smi 问题实例 I,对于 I 中的任意配对 (m,w),只要其中一方对另一方的偏好值为空,(m,w) 就是 I 的一个不可接受配对。

sm 和 smt 问题都存在完备稳定匹配,但是 smi 问题却不一定存在完备匹配。例如,对于一个大小为 n 的 smi 问题,某位男士根本不想参加配对,因此对所有异性都没有给出满意度。此时的 smi 问题相当于带不相等匹配集合的 sm 问题,我们仍然可以求得稳定匹配使得集合较小的一方全部得到配对。

如表 3.5,偏好对只有一个值或两个值均没有的表示匹配不能被接受。如果我们在对其论辩形式化时直接删除不可接受配对,则可能得到奇数攻击环（如图 3.3 所示），该论辩框架没有稳定外延。我们已经证明：(1) sm 和 smt 问题的论辩框架总是存在稳定语义；(2) 稳定外延就是完备稳定匹配；(3) 稳定匹配一定可以用稳定语义求解。对于 smi 问题，我们可以同样证明 (2) 和 (3)，(1) 则不一定成立。也就是说，只要 smi 问题的稳定匹配存在，则我们一定可以用稳定语义求解，只要 smi 问题的论辩框架存在稳定语义，则一定存在稳定匹配。

表 3.5　全序不完整偏好列表（smi）

	w_0	w_1	w_2	w_3
m_0	2,1		4,	1,2
m_1	4,2	3,		
m_2	1,3	2,2	3,2	4,1
m_3		1,1	2,1	

◎ **定义 3.4** （smi 的论辩框架）给定一个 smi 实例 I，I 的论辩框架 $AF_{smi} = \ <A,R>$，其中 A 为 I 中所有可接受配对的论证集合，$R \subseteq A \times A$ 为 A 上的二元关系。对于 A 中的任意两个论证 a、b，令其配对分别为 (m_1, w_1) 和 (m_2, w_2)。如果 $m_1 = m_2$ 并且 $w_1 >_{m_1} w_2$ 或者 $w_1 = w_2$ 并且 $m_1 >_{w_1} m_2$，则说论证 a 攻击论证 b，即 $(a, b) \in R$。

smi 问题的论辩框架不一定存在稳定语义，而优先语义在任何论辩框架下都存在（虽然可能为空集）。我们假设一个 smi 实例 I 存

在优先外延 S 且 S 不为空,则 S 不是稳定外延。即存在论证 a 既不属于 S 也不被 S 攻击。首先证明 S 中论证的匹配集合 M 是稳定匹配:假设 M 不是稳定匹配,即 M 中存在两个不稳定配对 (m, w),(m', w');令 (m, w') 为阻塞对,令 (m, w),(m', w'),(m, w') 的论证分别为 a、b、c,则 cRa,cRb;S 是优先外延,因此 S 对 S 中的每一个论证都进行了防御,也就是说,S 中存在论证 d 使得 dRc。c 的配对为 (m, w'),因此,d 的配对或者为 (m, w''),或者为 (m', w'),则 S 不是无冲突集合,矛盾!因此优先外延 S 中的论证配对 M 是稳定匹配。然后证明优先外延 S 就是稳定外延:假设 S 不是稳定外延,即存在论证 a 既不属于 S 也不被 S 攻击,令论证 a 的配对为 (m, w),同命题 3.1 的证明,我们将配对 (m, w) 加入 M 后得到的新匹配 M' 也是稳定的。因此我们证明了命题 3.8。

◎ **命题 3.8** 给定一个 smi 问题实例 I 及其论辩框架 $AF_{smi} = <A, R>$,AF_{smi} 的稳定外延 S 就是 I 的稳定匹配。

同样地,如果 smi 问题存在稳定匹配,则我们一定能用稳定语义进行求解。

◎ **命题 3.9** 给定一个 smi 问题实例 I 及其论辩框架 $AF_{smi} = <A, R>$,I 的稳定匹配 M 的配对论证集合 S 就是 AF_{smi} 的稳定外延。

由命题 3.8 和命题 3.9 我们得到命题 3.10。

◎ **命题 3.10** 给定任意 smi 实例 I,I 的论辩框架为 $AF_{smi} = <A, R>$,S 是 AF_{smi} 的稳定外延当且仅当 S 的配对集合 M 是 I 的稳定匹配。

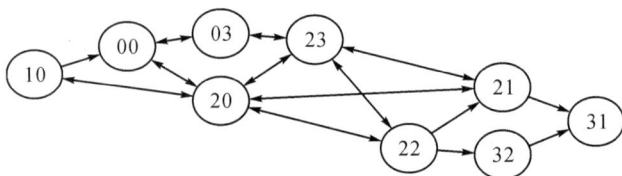

图 3.3　表 3.5 的论辩框架①

　　sm 和 smt 问题的稳定匹配都是完备的，因此，所求得的稳定外延的大小都相同。那么，smi 的稳定匹配大小是否相同？如果我们把一个 sm 问题中不属于任何稳定匹配的配对变为不可接受配对，就可以得到一个 smi 问题，其匹配结果与原来相同。如果继续将属于某个稳定匹配的配对 (m, w) 删除，则删除该配对的稳定匹配仍然是稳定的，但是少了一个配对；对于其他的任意稳定匹配 M'，则有两个配对 $(m, pM(m))$ 和 $(pM(w), w)$ 被删除，此时我们可以将新配对 $(pM(w), pm(M))$ 加入 M' 并且 M' 仍然是稳定的。我们也可以用反证法来证明 smi 问题的稳定匹配大小相等：假设这些匹配之间的大小不同，即存在两个稳定匹配 M_1 和 M_2，对象 m、w 在 M_1 得到配对，而在 M_2 没有得到配对；将配对 (m, w) 加入 M_2 后我们仍然得到稳定的 M_2。综上所述，smi 问题的稳定匹配大小也是相同的。

---

　　①　为简化该稳定匹配问题的论辩框架，此处用单线双箭头表示两个论证相互攻击。

3.1.4　*smti* 的论辩框架

对于带相等匹配集合的双边一对一稳定婚姻问题,最复杂的情况是:偏好列表既不是全序的,也不是完整的,即 *smti* 问题。如果将表 3.5 中的配对 (m_3, w_1) 的偏好改为 $(2,1)$,则得到一个 *smti* 问题,其论辩框架仍然存在奇数攻击环,如图 3.3(b)所示。*smti* 问题是最一般的稳定婚姻问题,即最符合实际情况的稳定婚姻问题。

◎ **定义 3.5**　(*smti* 的论辩框架)给定一个 *smti* 实例 I,I 的论辩框架 $AF_{smti} = <A, R>$,其中 A 为 I 中所有可接受配对的论证集合,$R \subseteq A \times A$ 为 A 上的二元关系。对于 A 中的任意两个论证 a、b,令其配对分别为 (m_1, w_2) 和 (m_2, w_2)。如果 $m_1 = m_2$ 并且 $w_1 \succcurlyeq_{m_1} w_2$ 或者 $w_1 = w_2$ 并且 $m_1 \succcurlyeq_{w_1} m_2$,则说论证 a 攻击论证 b,即 $(a, b) \in R$。

◎ **命题 3.11**　给定任意 *smti* 实例 I,I 的论辩框架为 $AF_{smti} = <A, R>$,论证集合 S 是 AF_{smti} 的稳定外延当且仅当 S 的配对集合 M 是 I 的稳定匹配。

与 *smi* 问题相同,*smti* 也可能没有稳定匹配,即其论辩框架可能没有稳定语义。但是,如果 *smti* 问题存在稳定匹配,则该稳定匹配的论证集合肯定是稳定外延;如果 *smti* 问题的论辩框架存在稳定语义,则稳定外延的论证配对集合 M 就是稳定匹配(证明过程同 *smi*

问题）。

　　研究表明，sm，smt 和 smi 的稳定匹配都可以在线性时间内计算出来（Irving,1994），而 $smti$ 的求解则是 $NP-$ 复杂的（Iwama,1999；Gent,2002）。此外，$smti$ 的稳定匹配大小可能不同（Manlove,2002），因此涉及最大稳定匹配和最小稳定匹配的计算。判断稳定匹配的大小、稳定匹配的存在以及某个匹配的稳定性都是难题。判定某个配对是否稳定与判定稳定匹配的存在是同样的，因为一个配对只有在某个稳定匹配中才是稳定的。Gent（2002）等对 $smti$ 匹配提出很多问题：一个大小为 n 的 $smti$ 匹配问题是否存在稳定匹配？最大稳定匹配和最小稳定匹配有什么特点？偏好列表的无差别和不完整如何影响稳定匹配的计算难度？Manlove（2002）也提出了两个问题：是否存在可以计算所有稳定匹配的方法？为什么计算最大稳定匹配和计算最小稳定匹配的难度类似？从论辩的角度，我们可以对这些问题给出一定的答案：如果某个配对的论证可以找到一棵论辩子树使得该论证赢得每一条论辩链，则该论证就是可证成的，即属于某个可相容集合；如果存在一个可相容集合，则肯定可以将其扩展为一个优先外延（论证变多或者不变），因此匹配问题就存在一个稳定匹配；用论辩框架的稳定语义可以计算出所有稳定匹配；无论是最大的稳定匹配还是最小的稳定匹配，我们在计算过程中都需要将所有论证遍历，因此计算难度相当；随着偏好列表中无差别的情况从少到多再到更多，则论辩框架的语义计算首先变难然后变简单:因为计算一个密度(边与顶点的比)很小的论辩框架比较简单,计算密度在某个中间范围的论辩框架比较困难,而计算密度非常大的论辩框架(例如任何一个顶点与其他所有顶点之间都有攻击关系)又会变得简单;如果不完全的程度从低到高再到更高,则出现奇数攻击环的可能性从小变大再变小,因此计算难度从低到高再变低。

我们对 $smti$ 问题可能存在大小不一样的稳定匹配做出简单的例证:假设一个 smt 问题有两个稳定匹配 M_1、M_2,将 M_2 中的某个配对 (m,w) 变为不可接受配对,则 M_2 仍然是稳定匹配并且 $M_2 \subset M_1$。

我们对经典稳定婚姻问题 sm 及其不同变体的论辩框架进行了定义,并给出了各自的稳定语义。如表 3.6 所示,我们总结了稳定婚姻问题及其变体的偏好列表特点、论辩框架特点、论辩语义、稳定匹配是否存在以及稳定匹配的完备性和大小。对于带不完整偏好列表的稳定婚姻问题,其论辩框架可能存在奇数攻击环,因此稳定语义不一定存在;而带完整偏好列表的稳定婚姻问题则肯定存在稳定论辩语义。对于带无差别偏好列表的稳定婚姻问题,其论辩框架中的论证可能互相攻击,而带全序偏好列表的稳定婚姻问题的论辩框架则不可能出现论证互相攻击的情况。无论是哪一种变体,只要稳定匹配存在,我们就能用稳定语义求解。对于 sm、smt 问题,其稳定匹配是完备;sm、smt 和 smi 问题的稳定匹配大小都相等。smi 和 $smti$ 的稳定匹配很可能是不完备的,$smti$ 问题的稳定匹配大小也可能不相等。

表 3.6　稳定婚姻问题的偏好列表及其论辩框架

匹配问题	偏好列表	论辩框架	论辩语义	稳定匹配	稳定匹配大小
sm	完全、全序	无奇数攻击环，论证不互相攻击	稳定语义	存在	完备,相等
smt	完全、无差别	无奇数攻击环，论证互相攻击	稳定语义	存在	完备,相等
smi	不完全、全序	可能有奇数攻击环，论证不互相攻击	优先语义	不一定存在	可能不完备,相等
$smti$	不完全、无差别	可能有奇数攻击环，论证互相攻击	优先语义	不一定存在	可能不完备,不相等

3.2　稳定室友问题的论辩框架

稳定婚姻问题是双边匹配问题,有男士和女士两组匹配对象,而稳定室友问题是一个单边匹配问题,只有一组对象进行匹配。经典的稳定婚姻问题肯定存在稳定匹配,而稳定室友问题则不一定有稳定匹配(Mc Vitie,1971)。我们只研究大小为 $2k$ 的一对一稳定室友问题。

3.2.1　*sr* 的论辩框架

在一对一配对的情况下，一个人不可能作为自己的室友，因此如表 3.7 所示，每个对象对自己都没有满意度。我们可以从表 3.7 中清楚地看到，第 n 列正好是第 n 行的两次旋转：第 n 列的第 n 个偏好值正好是第 n 行的第 n 个偏好值前后交换得到的。因此，右上部分和左上部分（以从左上到右下的对角线为界）的数据结构是相同的，我们可以只构造其中一部分的论辩框架。在稳定婚姻问题中，与每一个配对相关的偏好列有两个：男士所在的行与女士所在的列；而在稳定室友问题中，与每一个配对相关的偏好列有 4 个：每个对象所在的行与列。

在稳定婚姻问题中，只有同一行或者同一列的配对之间可以进行偏好值比较。如果我们只将稳定室友问题的矩阵的右上部分（或左下部分）转化为论辩框架，则还要考虑第三种情况才能保证稳定室友问题与其论辩框架之间的对等：对于两个配对 (A,B)，(C,D)，如果 $B=C$ 并且 B 喜欢 A 超过 D（如果只取矩阵的右上部分）或者 $A=D$ 并且 A 喜欢 B 超过 C（如果只取矩阵的左下部分），则说配对 (A,B) 攻击配对 (C,D)。下面给出 *sr* 问题论辩框架的形式定义：

表 3.7　没有优先外延的 *sr* 问题

	S_1	S_2	S_3	S_4
S_1		2,3	3,2	1,3
S_2	3,2		2,3	1,2
S_3	2,3	3,2		1,1
S_4	3,1	2,1	1,1	

◎ **定义 3.6**　（*sr* 论辩框架）给定一个 *sr* 实例 I，I 的论辩框架 $AF_{sr}=<A,R>$，其中 A 为 I 中所有配对的论证集合，$R\subseteq A\times A$ 为 A 上的二元关系。对于 I 中的任意两个配对 $(s_i,s_j)(x,y)$ 和 $(s_k,s_l)(x',y')(i<j,k<l)$①，我们用 a,b 分别表示它们在 AF_{sr} 中的论证。如果 $i=k$ 并且 $x>x'$，或者 $j=l$ 并且 $y>y'$，或者 $j=k$ 并且 $y>x'$②，则说配对 (s_i,s_j) 的论证 a 攻击配对 (s_k,s_l) 的论证 b，即 $(a,b)\in R$。

在稳定婚姻问题下，分属偏好列表的两列并且不在同一行的配对之间不可能有直接的冲突关系（或者分属偏好列表的两行并且不在同一列的两个配对），这就保证了带完全偏好列表的稳定婚姻问题的论辩框架不可能存在奇数攻击环。因此，*sm* 和 *smt* 问题的论辩

---

① 对于稳定室友问题，我们都采用矩阵的右上部分；如果采用左下部分，则配对 $(a_i,a_j)(x,y)$ 必须满足 $i>j$ 的条件。

② 如果采用矩阵的左下部分，则第三种情况应为"或者 $i=j,x>y'$"。

框架总是有稳定外延,稳定匹配肯定存在。在稳定室友问题下,我们只有一组匹配对象,如果不在同一行或同一列的 3 个配对间两两有一个共同对象,就可能构成奇数攻击环。因此,没有奇数攻击环是稳定匹配存在的充分不必要条件(Tan,1991):如果稳定室友问题的论辩框架不存在奇数攻击环,则稳定外延肯定存在,稳定匹配因此也肯定存在,我们同样用稳定语义来求解稳定室友问题的匹配。如果存在奇数攻击环,则稳定外延可能不存在,也可能存在。

◎ **命题 3.12**　给定任意大小为 $2k(k \in N)$ 的 sr 实例 I,I 的论辩框架为 $AF_{sr} = <A, R>$,AF_{sr} 的稳定外延 S 的论证配对集合 M 就是 I 的稳定匹配。

与 sm 问题不同,sr 问题不一定有稳定匹配。如表 3.7 的论辩框架图 3.4,我们可以得到最大的无冲突集合 $\{12,34\}$,$\{23,14\}$,$\{13,24\}$,但都不是可相容集合。所以该实例没有稳定语义,也就没有稳定匹配。从图 3.4 中我们可以看到,这 3 个集合中的论证两两互不冲突,并且受到同一个论证的攻击。假设这 3 个论证集合的配对分别属于某个匹配,则该匹配肯定是不稳定的。因此,我们在计算稳定匹配时,可以首先在论辩框架中寻找无冲突的两个论证,然后判断这两个论证是否有一个共同的攻击者:如果有,则停止计算;如果没有,则继续添加下一个无冲突的论证,继续判断是否有共同的攻击者。

从表 3.8 的论辩框架(如图 3.5)可以看到,虽然只有 6 个对象

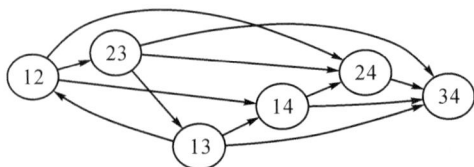

图 3.4 表 3.7 的论辩框架

进行配对,但是我们得到的有向图网络已经比较复杂。那么,是否可以根据匹配问题有向图的特点来快速判断稳定匹配的存在? 例如,是否受攻击越多的论证越不可能属于稳定匹配,从受攻击最少的论证开始计算是否效率最高,等。56,15,36,25 都只受两个论证的攻击,是受攻击最少的,其中 $\{15,36\}$,$\{25,36\}$ 是无冲突的;我们检验这两个无冲突集合的配对是否存在阻塞配对,即受到同一个论证的攻击;$\{15,36\}$ 只可能同时受到 35,16,13,56 的攻击,结果表明 $\{15,36\}$ 均没有受到这 4 个论证的同时攻击,因此 $\{15,36\}$ 是一个不完备的稳定匹配;要将 $\{15,36\}$ 扩展为完备的匹配,我们只能添加论证 24,而 15,24 都受到 12 的攻击,因此 $\{15,36,24\}$ 不是稳定匹配。再来看 $\{25,36\}$,4 个可能的阻塞对 23,26,35,56 都没有同时攻击 25 和 36,因此 $\{25,36\}$ 也是一个不完备的稳定匹配;我们只能增加 14 构成完备的匹配,$\{14,36\}$ 和 $\{14,25\}$ 也没有阻塞对,因此 $\{14,25,36\}$ 是一个完备稳定匹配。包含论证 24 的完备匹配有 3 个:$\{24,13,56\}$,$\{24,15,36\}$,$\{24,16,35\}$,都不是稳定的匹配。研究表明,一个配对如果不属于其中一个稳定匹配,则该配对也不属于其他任何配对。假设 (m,w) 不属于稳定匹配 M,但是属于稳定匹配 M';M 中至少存在一个稳定配对 (m_i,w_i),如果将 (m,w) 加入 M,则肯定存在不属于 M 的配对 (m,w_i) 或 (m_i,w)(即在 M 中未得到匹配),使得 (m,w_i) 或 (m_i,w) 是 (m,w) 的阻塞对[同时也是 (m_i,w_i) 的阻塞对]。又因为属于 M',因此 (m,w) 是 M' 中的稳定配对,即不存在不属于 M' 的配对 (m,w_i) 或 (m_i,w),使得 (m,w_i) 或 (m_i,w) 阻塞 (m,w),矛盾! 由此我们可以得出,sr 问题的稳定匹配不一定是完备的,并且大小可能不相等。所以我们不能用稳定语义求解 sr 问题,而可以用优先语义求解。

表 3.8　复杂的 sr 问题

	S_1	S_2	S_3	S_4	S_5	S_6
S_1		5,2	1,3	2,5	4,4	3,1
S_2	2,5		4,1	1,2	3,5	5,2
S_3	3,1	1,4		2,4	4,2	5,3
S_4	5,2	2,1	4,2		3,1	1,4
S_5	4,4	5,3	2,4	1,3		3,5
S_6	1,3	2,5	3,5	4,1	5,3	

◎ **命题 3.13**　给定一个稳定匹配问题 sm 的实例 I,M 为 I 的任意一个稳定匹配,如果配对 (m,v) 不属于 M,则 (m,w) 不属于其他任何稳定匹配。

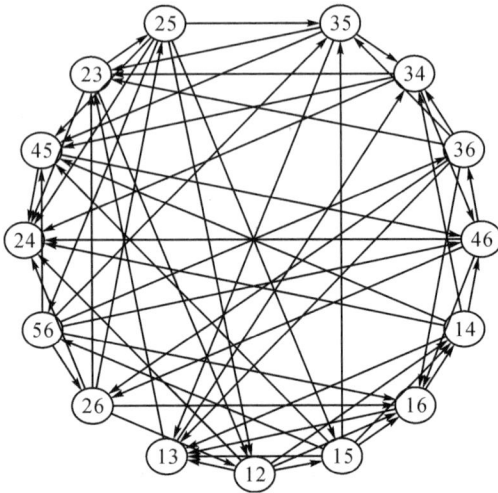

图 3.5　表 3.8 的论辩框架

因此,如果我们知道某个配对不属于某个稳定匹配,那么该配对就是不稳定的,可以将其从计算过程中直接删除。

◎ **命题 3.14**　给定一个稳定室友问题 sr 的实例 I 及其论辩框架 $AF_{sr}=<A,R>$,论证集合 E 是 AF_{sr} 的优先外延当且仅当 E 中论证构成的配对集合 M 为 I 的稳定匹配(证明略)。

我们知道,优先外延是集合包含意义上的最大可相容集合,即在内容不同的前提下优先外延的大小可能不同。此外,优先外延还是最大的完全外延,也就是说:优先外延集合对集合中的论证都进行了防御,并且所有可以防御的论证都在集合内。前者保证了匹配的稳定性,后者保证了匹配的最大性(在集合包含的意义上)。

在抽象论辩框架中,稳定外延肯定是优先外延,而优先外延却不一定是稳定外延。在稳定婚姻问题中,如果稳定匹配存在,我们总是能用稳定语义求解;如果稳定语义存在,则稳定外延一定是稳定匹配。而在稳定室友问题中,稳定匹配不一定存在,如果存在稳定匹配,则一定是优先外延,而不一定是稳定外延。

3.2.2　*srt* 的论辩框架

如果稳定室友问题的偏好列表出现无差别的情况,我们就得到 *srt* 问题。

◎ **定义 3.7**　(论辩框架)给定一个 *srt* 实例 I，I 的论辩框架 $AF_{srt}=<A,R>$，其中 A 为 I 中所有配对的论证集合，$R\subseteq A\times A$ 为 A 上的二元关系。对于 I 中的任意配对 $(s_i,s_j)(x,y)$，$i<j$。对于 I 中的任意两个配对 $(s_i,s_j)(x,y)$ 和 $(s_k,s_l)(x',y')$，我们用 a,b 分别表示它们在 AF_{srt} 中的论证。如果 $i=k$ 并且 $x\geqslant x'$，或者 $j=l$ 并且 $y\geqslant y'$，或者 $j=k$ 并且 $y\geqslant x'$，则说配对 (s_i,s_j) 的论证 a 攻击配对 (s_k,s_l) 的论证 b，即 $(a,b)\in R$。

将表3.7的偏好列表稍作改变得到无差别列表,如表3.9所示。新的论辩框架如图3.6所示,有3个最大的无冲突集合$\{12,34\}$、$\{14,23\}$和$\{13,24\}$,其中前两个是优先外延,最后一个不是优先外延。如果我们选择$\{13,24\}$,则存在阻塞配对23。

表 3.9   带无差别列表的 *srt* 问题

	S_1	S_2	S_3	S_4
S_1		2,3	3,2	2,3
S_2	3,2		2,3	1,2
S_3	2,3	3,2		3,1
S_4	3,2	2,1	1,3	

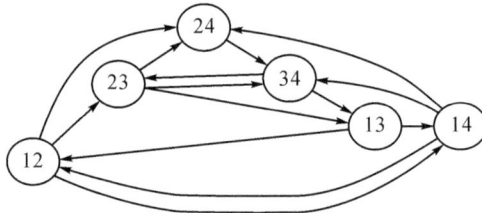

图 3.6   表 3.9 的论辩框架

从图 3.6 我们可以看到,论证 24 和 13 没有直接冲突,并且受到同一个论证 23 的攻击。论证 23 和 14 没有直接冲突并且也受到同一个论证 12 的攻击。但是,{13,24}不是稳定匹配,{14,23}是稳定匹配。这是因为,14 自己对 12 的攻击进行了防御:虽然 S_2 更偏好 S_1,但是 S_1 在 S_2 和 S_4 之间是无差别的,因此 12 并不是 23 和 14 的阻塞配对。而 24 和 13 自己均没有对 23 的攻击进行防御,论证 23 的配对是论证 24 和论证 13 的配对的阻塞对。因此,我们在计算 *sr* 问题的稳定匹配时,首先寻找无冲突并且不受同一个论证攻击的两个论证,或者无冲突且受同一个论证攻击,但其中一个论证自身对攻击进行了防御；然后加入另一个无冲突论证并且判断是否受同一个论证攻击，或者受到同一个论证攻击时（至少）其中一个论证自身是否对攻击进行了防御。

3.2.3 *sri* 的论辩框架

与 *sm* 问题一样，*sr* 问题的偏好列表也可能是不完整的，即 *sri* 问题。*sm* 问题的论辩框架肯定没有奇数攻击环，因此我们用稳定语义来求解 *sm* 稳定匹配；*smi* 问题的论辩框架可能出现奇数攻击环，即稳定语义可能不存在，因此我们用优先语义来求解。而 *sr* 问题及其所有变体都可能没有稳定匹配，因此我们均采用优先语义来求解。

◎ **定义 3.8** （*sri* 论辩框架）给定一个 *sri* 实例 I，I 的论辩框架 $AF_{sri} = <A, R>$，其中 A 为 I 中所有配对的论证集合，$R \subseteq A \times A$ 为 A 上的二元关系。对于 I 中的任意配对 $(s_i, s_j)(x, y)$，$i < j$。对于 I 中的任意两个配对 $(s_i, s_j)(x, y)$ 和 $(s_k, s_l)(x', y')$，我们用 a, b 分别表示它们在 AF_{sri} 中的论证。如果 $i = k$ 并且 $x > x'$，或者 $j = l$ 并且 $y > y'$，或者 $j = k$ 并且 $y > x'$，则说配对 (s_i, s_j) 的论证 a 攻击配对 (s_k, s_l) 的论证 b，即 $(a, b) \in R$。

◎ **命题 3.15** （*sri* 的稳定匹配）给定一个大小为 $2k$ 的 *sri* 实例 I，I 的论辩框架 $AF_{sri} = <A, R>$，AF_{sri} 的优先外延 S 是 I 的稳定匹配（同命题 3.2 的证明）。

如果表 3.7 中 S_2, S_3 相互之间的偏好度缺失,则得到表 3.10 及其论辩框架图 3.7。我们可以看到,配对 13 不受任何攻击,因此是一个固定的配对,我们只能选择 $\{13,24\}$。如果选择 $\{12,34\}$,则还是存在阻塞对 13,其中 S_1 更喜欢 S_3, S_3 也更喜欢 S_1。从图中我们可以看到 $\{12,34\}$ 受到同一个论证的攻击并且无法进行自我防御,即该论证集合相应的匹配存在阻塞对,因此不是稳定匹配。

表 3.10　带不完整偏好列表的 *srt* 问题

	S_1	S_2	S_3	S_4
S_1		2,3	3,2	1,3
S_2	3,2			1,2
S_3	2,3			1,1
S_4	3,1	2,1	1,1	

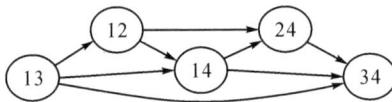

图 3.7　表 3.10 的论辩框架

3.2.4　*srti* 的论辩框架

如果从 *sri* 问题的偏好列表中删除某些配对,即某些异性之间互相不可接受,则得到 *srti* 问题。带无差别不完整偏好列表的稳定室友问题($srti$)是最一般化的情况。

◎ **定义 3.9** （$srti$ 论辩框架）给定一个 $srti$ 实例 I，I 的论辩框架 $AF_{srti}=<A,R>$，其中 A 为 I 中所有配对的论证集合，$R\subseteq A\times A$ 为 A 上的二元关系。对于 I 中的任意配对 $(s_i,s_j)(x,y)$，$i<j$。对于 I 中的任意两个配对 $(s_i,s_j)(x,y)$ 和 $(s_k,s_l)(x',y')$，我们用 a,b 分别表示它们在 AF_{srti} 中的论证。如果 $i=k$ 并且 $x\geqslant x'$，或者 $j=l$ 并且 $y\geqslant y'$，或者 $j=k$ 并且 $y\geqslant x'$，则说配对 (s_i,s_j) 的论证 a 攻击配对 (s_k,s_l) 的论证 b，即 $(a,b)\in R$。

将表 3.9 中 S_2，S_3 相互之间的偏好删除，得到表 3.11 中的无差别不完整偏好列表，其论辩框架如图 3.8 所示。从图 3.8 中我们可以看到，论证 14 与其他论证都冲突；{13,24}无冲突并且不受同一个论证的攻击，因此是优先外延；{12,34}无冲突，受到同一个论证 14 的攻击，但论证 12 对 14 的攻击进行了自我防御，因此也是优先外延。因此该匹配问题有两个完备稳定匹配。

表 3.11　带无差别不完整偏好列表的问题

	S_1	S_2	S_3	S_4
S_1		2，3	3，2	2，3
S_2	3，2			1，2
S_3	2，3			3，1
S_4	3，2	2，1	1，3	

◎ **命题 3.16** （*srti* 的稳定匹配）给定一个大小为 *2k* 的 *srti* 实例 *I*，*I* 的论辩框架 $AF_{srti} = <A, R>$，AF_{srti} 的优先外延 *S* 是 *I* 的稳定匹配（同命题 3.7 的证明）。

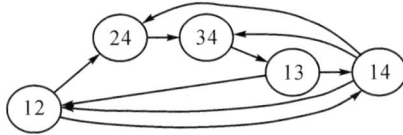

图 3.8　表 3.11 的论辩框架

我们对稳定婚姻问题和稳定室友问题进行了论辩框架的刻画。我们将配对刻画为抽象的论证，将配对的偏好值之间的关系刻画为抽象的二元关系。因此，在稳定匹配问题的论辩框架中，我们看不到单个对象以及配对的具体信息。

对于带全序偏好列表的匹配问题，我们用严格偏好来定义论证的攻击关系。对于带无差别偏好列表的匹配问题，我们用至少同等偏好来定义论证的攻击关系。因此，前一种论辩框架中不可能出现论证相互攻击的情况：对于某两个无冲突的论证，如果受到同一个论证的攻击，则这两个论证构成的配对集合就是不稳定的，反之则是稳定的；而后一种论辩框架中的论证则可能出现这种情况：对于任意两个无冲突的论证，如果受到同一个论证的攻击并且其中任何一个论证都没有对攻击进行自我防御，则这两个论证的配对集合是不稳定的，反之则是稳定的。

抽象论辩框架很好地呈现并且保留了稳定匹配问题的结构特征。稳定匹配问题就是在一组相互冲突的配对中做出选择的过程，因此我们将配对作为我们要选择的抽象论证，将配对间的冲突抽象为论证间的二元攻击关系。此外，如果匹配问题的偏好列表有无差别的情况，则相应的论辩框架就有论证相互冲突的关系；如果匹配问题的偏好列表是不完全的，则不可接受的配对就不会在相应的论辩框架中出现，因此也不可能出现在任何稳定匹配结果中。

对于带不完全偏好列表的稳定婚姻问题，论辩框架可能有奇数攻击环；对于带完全偏好列表的稳定婚姻问题，论辩框架不可能有奇数攻击环。但是，在稳定婚姻问题下，我们都可以用稳定语义来求解稳定匹配。在稳定室友问题中，论辩框架都可能出现奇数攻击环，并且可能出现某个配对既不属于任何稳定匹配，也不与任何稳定配对相冲突的情况。因此我们不能用稳定语义来求解，但可以采用优先语义。

除了 *smti* 问题之外，其他稳定婚姻问题的稳定匹配大小都是相等的，并且 *sm* 和 *smt* 问题的稳定匹配是完备的（即所有对象都得到配对）。稳定室友问题的稳定匹配可能是不完备的，并且大小不一定相等。

对于单个配对，如果不属于至少一个稳定匹配，则该配对不属于任何稳定匹配。我们可以从论辩的角度给出解释，如果一个论证不属于某个语义下的任何外延（稳定外延或者优先外延），则该论证就不可能属于该语义下的所有外延。从论辩语义证明的角度来说，一个论证如果不被轻信地证成，则该论证肯定不被怀疑地证成（详情请见 4.1 小节）。

第 4 章

稳定匹配问题的论辩语义计算

稳定匹配问题的最终目的都是求取稳定匹配结果,有效地刻画稳定婚姻问题的结构,给出合理的语义定义,以及高效地求解稳定匹配是研究的重点问题。

论辩语义的计算主要有 3 种:单个论证的状态计算;单个外延的计算;所有外延的计算。我们首先介绍如何用论辩争议树来证明单个论证证成状态,即单个配对的稳定性问题。

4.1 单个配对的稳定性判断

有时候我们可能不需要求出完整的稳定匹配,而只想知道其中某个配对是否稳定,是否为固定配对,或者是否在任何情况下都不是稳定配对。传统的方法只能求解出一个完整的稳定匹配,然后判断某个配对是否属于该稳定匹配。如果一个配对至少属于某个稳定匹配,则该配对是稳定的;如果某个配对不属于任何稳定匹配,则该配对就是不稳定的;如果某个配对属于所有稳定匹配,则该配对是固定配对。从论辩的视角,我们可以通过论证状态的证明来判定单个配对的稳定性。证明某个论证在特定语义下是否被证成最常用的方法是论辩争议树,争议树很好地结合了抽象的论辩框架与具体的推理过程。已有的论辩树证明主要分析了理想语义(Thang,2009)、基语义(Thang,2009;Modgil,2009)、优先语义的轻信的证成(Cayrol,2001)和怀疑的证成(Dung,2007)。

本文所分析的稳定婚姻问题和稳定室友问题主要通过稳定语义和优先语义来求解。在匹配问题的论辩框架没有奇数攻击环的前提下,我们采用稳定语义;反之,如果论辩框架可能存在奇数攻击环,则用优先语义来求解。在稳定外延存在的情况下,稳定外延就是优先外延,一个论证在稳定语义下被证成,则该论证肯定在优先语义下被证成。而每一个优先外延都是可相容论证集合,因此我们可以把问题降为可相容语义下的证成,主要包括以下情况:论证是否至少属于一个可相容集合,是否不属于任何可相容集合,是否属于所有可相容集合。我们把这3种情况分别称为轻信证成、绝对驳斥、怀疑证成,分别对应匹配问题中的稳定配对、不稳定配对和固定配对。稳定配对至少在一个稳定匹配中，不稳定配对不在任何稳定匹配中，固定配对在所有稳定匹配中。下面我们用论辩争议树来证明稳定婚姻问题和稳定室友问题中单个配对的稳定性。

要确保选择的正确性，或者要在实时的推理过程中获胜，有两条基本的原则：(1)总是能给出最后一个论证；(2)不能自我矛盾。第一个条件就是，对反方的任何论证我们都能给出反驳论证，使得反方无法继续。第二个条件是，我们不能用反方的论证或自我攻击的论证。

在一个 TPI 争议树中(Vreeswik,2000)，如果反方使正反陷入自相矛盾(eo ipso)或无法继续(block)，则反方获胜，反之正方获胜。争议树的具体定义如下。

◎ **定义 4.1**　一个论证 a 的争议树 T 为：

(1)T 的根节点是正方提出的论证 a；

(2)T 的其余每一个节点都是一个论证，或者是正方节点，或者是反方节点，但不能同时既是正方节点又是反方节点；

(3)对每一个标为论证 b 的正方节点 N，对每一个攻击 b 的论证 c，都存在 N 的一个子节点，为反方提出的论证 c；

(4)对每一个标为论证 b 的反方节点 N，存在一个 N 的子节点，是正方给出的攻击 b 的论证；

(5)除(1)—(4)所规定的，T 中不存在其他节点。

T 中正方给出的所有论证的集合称为 T(或论证 a)的防御集

合。在每一条争议链中,任何一方给出的论证都是针对对方上一步给出的论证。即在同一条争议链中,任何一方都不能回溯,当然,在不同的争议链中可以而且有必要回溯。其中反方要给出所有能攻击正方上一步的论证,而正方只需针对反方的每一个论证给出一个攻击论证(Vreeswik,2000)。

因此,如果我们能够构造一棵论辩树,使得根论证赢得所有的争议链,即每一条争议链都是无冲突的并且最后一个论证是正方给出的,则说根论证被证成。因为正方对反方的所有攻击都进行了合理的防御。在争议过程中,正方没有针对反方的论证给出所有攻击论证,因此,论辩争议树是不完整的,被称为论辩争议子树①。要证明一个论证在某个语义下被证成,只要构造一棵相应的争议子树,使得正方赢得所有争议链。

稳定匹配问题的论辩框架与论辩理论原始的抽象论辩框架有所不同,在全序列表情况下,论辩框架不可能出现互相攻击的情况。因此,无论正方或反方都不可能重复自己的论证;而在无差别列表情况下,论辩框架有可能存在互相攻击的情况,此时正方可以重复自己的论证使得反方无法给出新的攻击论证,而反方重复自己的论证是无意义的。在这两种情况下,双方都不可能重复对方的论证,因为这肯定使得自己自相矛盾。当然,有时我们只需要确保其中一

---

① 在上下文明确的情况下,我们用"争议树"。

方不会自我冲突。

4.1.1　稳定配对

我们已经证明,如果稳定匹配问题存在稳定匹配,则我们一定可以用论辩语义求解。如果一个配对在某个稳定匹配中,则该配对的论证就在相应的外延中,即被轻信地证成。

◎ **定义 4.2**　给定任意稳定匹配问题 sm 的实例 I,I 的论辩框架为 $AF_{sm} = <A, R>$。令 I 中的一个配对 p 的论证为 a,T 为论证 a 的争议树。配对 p 是稳定的,当且仅当,正方赢得 T 的所有争议链。

在 sm 和 sr 问题中,偏好列表是全序的并且是完整的,因此论辩框架既不可能出现互相攻击,正方和反方也都没有重复自己论证的可能。我们只需判断每一条争议链的无冲突性以及最后一个论证是哪一方给出的:如果所有争议链都是无冲突的且最后一个论证都是正方给出的,则正方获胜;只要有一条争议链是有冲突的或者最后一个论证是反方给出的,就说反方获胜。反方获胜有两种情况:一是使得正方自相矛盾,二是使得正方无法继续。因为在争议过程中我们规定正方不能重复反方论证,不能用自我攻击的论证,因此我们只需在构造好的争议树中判断每一条争议链的最后一个论证是哪一方的。下面我们来看表 3.2 中配对的证成过程。

如图 4.1,配对 01 和 12 肯定被证成,因为在 01,12 的争议树中,只有一个根节点,即最后一个论证的正方论证。我们再看配对 22(如图 4.1(a)),22 的攻击者有 3 个:20,21,12,22 无法对 12 的攻击进行防御,因此我们不需要看 20 和 21 这两个攻击论证,因此 22 没有被证成。同样地,02,00,21,11,10 都没有被证成。最后来看 20,如图 4.1(b),20 只有一个攻击者 00,而对于每一个攻击者,正方只需给出一个攻击论证,因此 20 只需给出 01 就可以防御 00 的攻击。

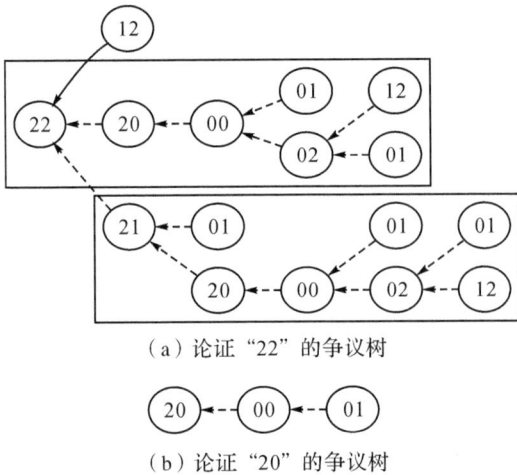

（a）论证"22"的争议树

（b）论证"20"的争议树

图 4.1　图 3.1 中论证"22""20"的争议树

再来看表 3.7 的论辩框架图 3.4,我们首先分析论证 f,f 有 3 个攻击者 b,d,e,f 用 a 防御 d 和 e 的攻击,b 攻击 a,此时 f 只剩下 d

可以防御 b 对 f 的攻击以及 b 对 a 的攻击,但是论证 d 本身攻击 f,因此,f 不能使用 d,f 对 b,d,e 的攻击都无法进行防御,因此 f 不被证成。f 的争议树如图 4.2 所示。同样可以证明其他论证也都不能被证成,因此图 3.4 中的论辩框架没有优先外延,表 3.7 的问题没有稳定匹配。

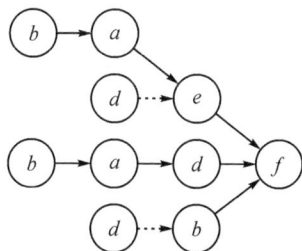

图 4.2　图 3.4 中论证 f 的争议树①

在带无差别列表的 smt、$smti$、srt 和 $srti$ 问题中,论辩框架可能出现互相攻击的情况,因此,正方和反方都有可能重复自己的论证。再看表 3.9 的论辩框架图 3.6:3 个无冲突集合{12,34},{14,23}和{13,24}中,前两个是优先外延,最后一个不是优先外延。

我们来看论证 24 和 13 的论辩树证明过程。24 有 3 个攻击者 12,23,14,如果 24 用 14 攻击 12,则自相矛盾,因为 14 攻击 24;如果 24 用 12 攻击 23,则自相矛盾,因为 12 攻击 24;如果 24 用 34 攻击 23,也自相矛盾,因为 24 攻击 34。再看 13 的证明过程:13 有 2 个攻

①　虚线箭头表示不合法的步骤:正方用了反方论证或者用了自我攻击的论证。

击者 34,23,如果 13 用 12 攻击 23,则自相矛盾,因为 13 攻击 12;如果 13 用 34 攻击 23,也自相矛盾,因为 34 攻击 13;13 对其中一个攻击者 23 的攻击无法进行防御,因此我们不需要看 13 对攻击者 34 的防御情况(只要根论证在经过其中一个攻击者的任何论辩链中都无法得到防御,即使在其他所有论辩链中都得到防御,根论证仍然不能被证成)。因此我们可以将经过其他攻击者的论辩链修剪(Rotstein,2011),提高证明的效率。论证 24 的完整争议树如图4.3(a)所示。

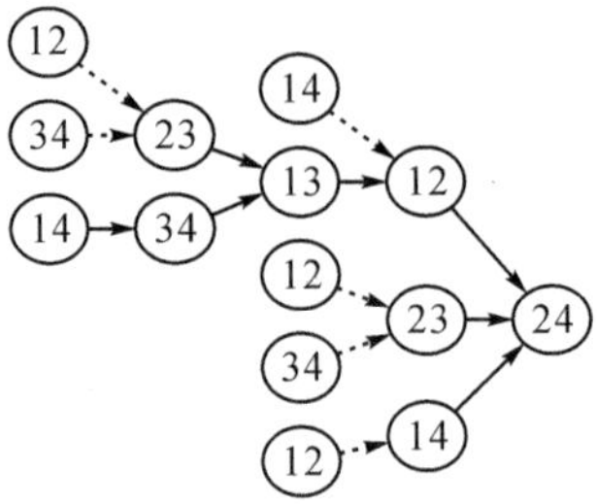

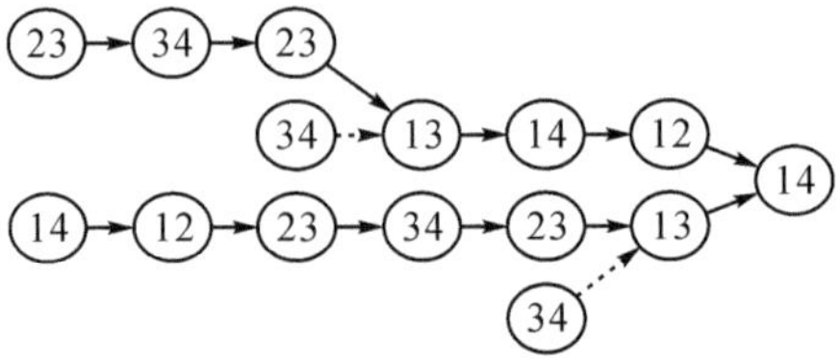

(a)

(b)

图 4.3 图 3.6 中论证"24"和"14"的完整争议树

我们再来看 14 和 23 的证明过程。论证 14 受到 13 和 12 的攻击,14 本身可以防御 12 的攻击;14 可以用 23 攻击 13,但不能用 34 攻击 13,因为 14 攻击 34;12 攻击 23,14 仍然可以用自己防御 12 对 23 的攻击;因此 14 对所有攻击者都可以进行防御,14 被证成。再看论证 23,23 受到 34 和 12 的攻击,23 用自己攻击 34,用 14 攻击 12;13 攻击 14,23 仍然可以用自己攻击 13,仍然可以用 14 防御 12 的攻击。在轻信证成的论辩树中,反方不能重复自己的论证,而正方可以重复自己的论证。轻信证成的理据是正方可以防御自身,因此,只要正方可以对反方的所有攻击进行防御,无论是否重复自身的论证,都可以获胜。论证 14 的论辩证明树如图 4.3(b)所示,从图中我们可以看到,根论证 14 用来进行防御的论证只有 14 和 23,因此,正方在每一步都是无冲突的;正方给出了每一条争议链的最后一个论证,因此正方获胜,论证 14 得到证成。

在 3.2.1 的最后一段,我们已经证明:一个配对如果不属于某个稳定匹配,则该配对也不属于其他任何稳定匹配。因此,如果一个配对得不到争议树证成,则该配对就是不稳定的,如图 4.3(a)论证 24 的争议树。

4.1.2 固定配对

研究表明,如果某位对象不在某个稳定匹配中,则该对象也不在其他任何匹配中（Mc Vitie,1970）。因此,我们可以用争议树来判定某个配对的论证是否在所有外延中,即是否被怀疑证成,如果不能,则可以将该配对的论证从论辩框架中删除。

固定配对就是在所有稳定匹配中都出现的配对。但固定配对也分为两种,一种是在基外延中的,一种是不在基外延中但在所有的稳定外延(或优先外延)中。第一种固定配对的证明方法很简单,只要计算出基外延并判断该配对的论证是否在基外延中,如果在,则该配对就是固定的;如果不在,则需要进行第二种固定配对的证明。第二种固定配对虽然不在基外延中,但是却在我们所要求的所有外延中,因此这种固定配对肯定是被轻信证成的,即属于所有外延的论证肯定属于某一个外延的论证;此外,它们的攻击者必须是严格被拒绝的,如果攻击者既不被证成也不被拒绝,即不确定的状态,则我们所要判断的配对的论证也可能存在不确定的状态,即使被某个外延接受。所以,要证明第二种固定配对,我们需要证明其每一个攻击配对都是被严格拒绝的,即被每一个外延攻击。

因此,我们要证明一个配对是否固定,只需要判断两个方面:其论证是否属于基外延,其论证是否是被怀疑证成的。如果答案为是,则该配对就是固定的,反之就不是固定的。第一种情况比较简单,我们不进行讨论。因此,我们只分析某个配对的论证是否被怀疑地证成,即是否在所有外延中。当匹配问题的论辩框架没有奇数攻击环时,稳定外延就是优先外延,因此我们统一研究优先语义下论证的怀疑证成。

如果一个论证在所有的优先外延中,则正方要在任何情况下都能够为自己提出的论证进行辩护,争议才会获胜。也就是说,为了防御,正方不可以重复自己的论证,而反方可以重复自己的论证,因为正方有可能无法给出新的论证,如此反方就获胜。反方如果要使正方不获胜,即使得正方提出的论证不在某个优先外延中,则只需赢得某条争议链。具体地,在某个论证的争议过程中:

i. **反方可以重复自己的论证(如果有必要),因为正方可能无法给出新的反驳论证。如此反方给出了最后一个论证并且反方给出的所有论证是可相容的;**

ii. **反方可以重复正方的论证(如果有必要),因为这可能使得正方给出的论证之间有冲突;**

iii. **正方不能重复反方的论证,因为这同样会使得正方的论证之间有冲突;**

iv. **正方重复自己的论证是无意义的,因为反方可以用同样的论证来攻击正方的这个论证。**

一个论证如果不被轻信地证成,则该论证也不被怀疑地证成。换句话说,一个论证如果不在任何一个优先外延中,则该论证也不可能在所有优先外延中。因此,在轻信博弈中反方使得正方自相矛盾或无法继续的方法在怀疑博弈中同样适用。

同样地,如果正方支持的论证在每一条争议链中都受到防御并且该论证的任何攻击者都没有在任何争议链中受到防御,那么这个论证就在所有的优先外延中。

◎ **定义 4.3** 在每一个优先外延都是稳定外延的论证系统中,一个论证在所有的优先外延中,当且仅当,该论证在所有 TPI 争议链中都受到防御并且该论证的任何攻击者都没有受到任何争议链的防御(Vreeswik,2000)。

◎ **例 4.1** 但是,这里似乎出了问题,来看下面这个例子 $AF_1 = \langle \{A,B,C,D\},((B,A),(A,B),(B,C),(A,C),(C,D))\rangle$。

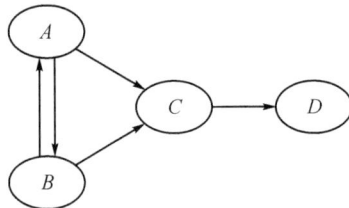

图 4.4 论辩框架的有向图

AF_1 的论辩框架如图 4.4 所示,其优先外延为 $\{A,D\}$ 和 $\{B,D\}$,D 在所有优先外延中。因此,D 在优先语义下被怀疑地证成。D 的所有攻击者(这里只有论证 C)都没有被轻信地证成,但是 D 却没有在争议树的所有争议链中都受到防御。

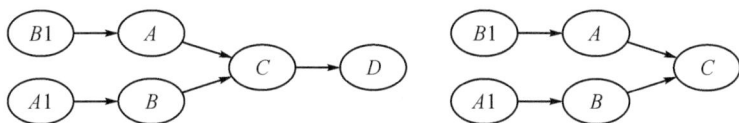

图 4.5　图 4.4 中论证 D 和论证 C 的争议树①

继续看例 4.1,D 无疑在所有的优先外延中,但是根据争议树定义,正方并没有赢得关于 D 的争议树(如图 4.5)。问题的根本在于,论证作为过程的证明理论规定,在优先语义的怀疑证成下,正方不能重复自己的论证,因此每条争议链的最后一个节点都是反方论证。如果我们允许正方重复自己的论证,D 似乎就得到了防御。那么,是否正方重复自己的论证并且赢得所有争议链,就可以说正方获胜呢? 答案是否定的,请看例 4.2。

◎ **例 4.2**　如图 4.6(a)中的论辩框架,正方赢得论证 B 的争议树中的每一条争议链,但是论证 B 却不是被怀疑地证成的。

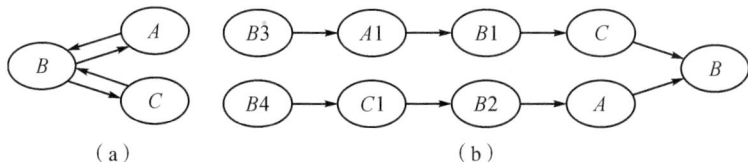

（a）　　　　　　　　　　　　（b）

图 4.6　简单的论辩框架:论证 B 的争议树

---

① $B1$ 表示在论辩过程中(除根论证外)第 1 次重复论证 B。

我们已经看到，要求正方不能重复自己的论证并且赢得每条争议链和要求正方可以重复争议链并且赢得每条争议链都不能使得正方获胜。此外，通过图 4.4 中的 AF_1 也能证明，一个论证要被怀疑地证成，既不需要正方赢得所有争议链，也不需要所有的优先外延都是稳定外延（优先外延为 $\{A, D\}$，而稳定外延却不存在）。

判断一个论证是否被怀疑地证成，我们似乎无法从该论证本身的争议树中找到答案。一个替代的做法是，从该论证的攻击者的争议树着手。如果在任何一个攻击者的争议树中，存在一条优先争议链，那么该论证的反方就有一条防御路线，即一个方法可以攻击正方。

因此，这里我们要区分两个概念："可以防御"和"无法防御"，前者是对正方而言，后者是对反方而言。在优先语义的轻信证成下，只要正方对每一个攻击论证都有一条成功的防御路线，正方就获胜；在优先语义的怀疑证成下，只要反方没有任何一条成功的防御路线，反方就获胜。因此，一个论证的怀疑证成状态定义如下。

◎ **定义 4.4**　（完整争议树）一个论证 a 的完整争议树 T 为：

(1) T 的根节点是正方提出的论证 a；

(2) T 中同一条争议链的某个论证不能既是正方节点又是反方节点；

(3) 对每一个标为论证 b 的正方节点 N，对每一个攻击 b 的论证 c，都存在 N 的一个子节点，为反方提出的论证 c；

(4)对每一个标为论证 b 的反方节点 N，对每一个攻击 b 的论证 c，都存在 N 的一个子节点，为正方给出的攻击 b 的论证；

(5)除(1)—(4)所规定的，T 中不存在其他节点。

与争议树不同的是，在完整争议树中，正方对反方的每一个论证也都给出所有的反驳论证。相同的是，正方可以重复自己的论证，反方不能重复自己的论证。

◎ **定义 4.5**　（论辩子树）令 $AF=<A,R>$ 为一个论辩框架，论证 $a\in A$ 的完整争议树为 T，对于每一个攻击 a 的论证 b 都有一个论辩子树 T_b，由 T 中所有经过 b 的争议链构成。

◎ **定义 4.6**　（优先争议链）令 $AF=<A,R>$ 为一个论辩框架，论证 $a\in A$ 的完整争议树为 T，对于任意争议链 $t_i\in T$，如果最后一个节点为正方节点并且正方给出的所有论证无冲突，则称 t_i 为一个优先争议链。

◎ **定义 4.7**　（优先语义下的轻信证成）令 $AF=<A,R>$ 为一个论辩框架，论证 $a\in A$ 的完整争议树为 T，如果对每一个论辩子树 $T_i\in T$，都存在一条优先争议链 t_i，则论证 a 被轻信地证成。

◎ **定义 4.8**　一个论证在某个优先外延中，当且仅当，该论证的完整争议树的每一个子树都有一条优先争议链。

◎ **定义 4.9**　令 $AF=<A,R>$ 为一个论辩框架，对于被轻信证成的任意论证 $a\in A$，对 $\forall b\in a^+$，如果 b 的完整争议树 T 中没有优先争议链，则论证 a 被怀疑地证成。

◎ **定义 4.10** （怀疑证成的可靠性和完全性）一个论证在所有的优先外延中，当且仅当，该论证的每一个争议子树都有一条优先争议链并且所有攻击者在各自的完整争议树中都没有优先争议链。

4.2 稳定匹配的求解

传统上常用矩阵旋转的方法来枚举所有稳定匹配。下面我们将简单介绍基于矩阵旋转的方法，并详细分析基于 MSR 的论辩语义求解方法。

4.2.1 基于矩阵旋转的方法

基于顺序的列表比较适合求解男士最优（女士最劣）或女士最优（男士最劣）的稳定匹配。我们可以通过矩阵旋转的方法①，从男士最优的稳定匹配转换到女士最优稳定匹配。如表 4.1 所示：

---

① 详细过程请参见（Gusfield,1989）[67-102]。

表 4.1 顺序偏好列表

m_1	5	7	1	2	6	8	4	3	w_1	5	3	7	6	1	2	8	4
m_2	2	3	7	5	4	1	8	6	w_2	8	6	3	5	7	2	1	4
m_3	8	5	1	4	6	2	3	7	w_3	1	5	6	2	4	8	7	3
m_4	3	2	7	4	1	6	8	5	w_4	8	7	3	2	4	1	5	6
m_5	7	2	5	1	3	6	8	4	w_5	6	4	7	3	8	1	2	5
m_6	1	6	7	5	8	4	2	3	w_6	2	8	5	3	4	6	7	1
m_7	2	5	7	6	3	4	8	1	w_7	7	5	2	1	8	6	4	3
m_8	3	8	4	5	7	2	6	1	w_8	7	4	1	5	2	3	6	8
男士顺序列表									女士顺序列表								

计算男士最优（或女士最优）的稳定匹配的算法如下所示（Gusfield，1989）[9]：

设定每个对象的状态为单身；
当某位男士为单身状态时：
开始
　　判断 w 的状态％w 为 m 的顺序列表中第一位尚未被 m 求婚的女士；
　　如果 w 单身：
　　　　则将 m 和 w 配对；
　　如果：
　　　　w 喜欢 m 超过她目前的对象 m'：
　　将 m 和 w 配对，将 m' 的状态恢复为单身
　　　　否则：
　　　　　　w 拒绝 m％因此 m 仍然单身
结束；
输出由 n 个配对组成的稳定匹配结果。

表 4.1 所示的稳定婚姻问题(Gusfield,1989)[69,70]的 8 个稳定匹配如表 4.2 所示：M_1 是男士最优的稳定匹配，M_8 是女士最优的稳定匹配。

表 4.2　表 4.1 的稳定匹配结果①

	m_1	m_2	m_3	m_4	m_5	m_6	m_7	m_8
M_1	5	3	8	6	7	1	2	4
M_2	8	3	5	6	7	1	2	4
M_3	3	6	5	8	7	1	2	4
M_4	8	3	1	6	7	5	2	4
M_5	3	6	1	8	7	5	2	4
M_6	8	3	1	6	2	5	7	4
M_7	3	6	1	8	2	5	7	4
M_8	3	6	2	8	1	5	7	4

从表 4.2 中我们可以看到，从一个稳定匹配结果到另一个稳定匹配结果，只有部分配对进行了交换。例如，从 M_1 到 M_3，只有 m_1 和 m_3 互相交换了匹配对象。

4.2.2　基于 MSR 的计算方法

对于外延的计算，ASP 方法求解较为复杂的论辩框架时效率较

---

① 大写 M 表示稳定匹配结果，小写 m 表示男士。

低,因此我们不用其来求解稳定匹配问题的论辩框架。基于加标的方法和求解效率较高的 SCC 方法也都不太适用于稳定匹配问题的论辩框架。SCC 方法的高效在于将整个论证框架划分成一组 SCC,对每个单独的 SCC 进行语义计算后,合成所有 SCC 的语义,得到整个论辩框架的外延。将一个大型的框架划分为多个小型框架后计算速度会更快,因此 SCC 方法有其合理性和实用性。但是,从稳定匹配问题的偏好列表中我们可以看到,任意两个论证间都有直接或间接的冲突关系,我们很难有效地划分 SCC。

MSR 方法在计算稳定匹配问题的论辩框架时仍然可以提高效率。抽象论辩框架的基外延是由不受任何论证攻击的论证组成的,因此在任何情况下都是被证成的,在计算过程中可以首先提取出来。而受基外延攻击的论证是绝对被驳斥的,不属于任何外延并且被所有外延攻击,因此可以将其直接删除。在稳定匹配问题的论辩框架中,固定配对出现在所有稳定匹配中,因此所有与固定配对相冲突的其他配对都可以删除。

在稳定语义存在的情况下,稳定外延就是优先外延。因此,我们仅讨论论辩框架优先语义的计算。下面我们对 MSR 方法进行详细的介绍。

MSR 方法的基本思路是用基外延将一个论辩框架分成两部分:确定的子框架(由基外延中的论证以及被基外延攻击的论证组成)和不确定的子框架(由既不在基外延中也不被基外延攻击的论证组

成)。造成语义计算困难的是不确定的子框架,因此,我们单独计算确定子框架和不确定子框架的优先外延,然后根据局部语义中论辩框架的限制以及方向性概念证明该方法的完全性和可靠性。这种划分计算方法可以缩小非确定性计算的规模,从而在一定程度上降低计算复杂性。

4.2.2.1　局部语义

为了更高效地评估某个论证或某些论证,有论辩研究者提出了局部语义(Liao,2011a,2012b),可以在不评估论证系统的所有论证的前提下对某个或某些论证的状态进行评估。局部语义的核心概念是基于不受攻击集合的相关论证集合。要评估某个论证,只需对与该论证相关的所有论证进行评估。如图 4.7,论证 a 的相关论证集合为到论证 a 有向可达(有一条有向攻击链)的所有论证的集合(这里只包括 a 和 b)。显而易见,a 的相关论证集合 $\{a,b\}$ 是与 a,b 相关的、不受其他论证攻击的最小集合。评估论证 a 时,我们无须考虑 a,b 之外的论证,因为它们的状态对 a 没有影响。局部语义因此大大提高了论证评估的效率。

◎ **定义 4.11**　(不受攻击集合)给定一个论辩框架 $AF = <A,R>$,论证集合 $U \subseteq A$ 不受攻击,当且仅当,$\not\exists a \in (A \backslash U)$ 使得 a 攻击 U 中的论证。AF 的所有不受攻击集合的集合记作 $US(AF)$(Liao,2011a)。

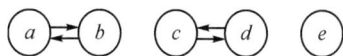

图 4.7　简单论辩框架

◎ **例 4.3**　如图 4.7,不受攻击集合有 $\{a,b\}$,$\{c,d\}$,$\{e\}$,$\{a,b,e\}$, $\{c,d,e\}$,$\{a,b,c,d\}$,$\{a,b,c,d,e\}$。当然,大多数时候我们只需要获得针对某些论证的不受攻击集合。

◎ **定义 4.12**　(子框架)给定一个论辩框架 $AF=<A,R>$,一个论证集合 $B\subseteq A$。由 B 截取的 AF 子框架(也称为从 AF 到 B 的限制)定义如下(Liao,2011a):

$$AF\!\downarrow_B = \langle B,R\bigcap(B\times B)\rangle。$$

◎ **例 4.4**　如图 4.7,由 $\{a,b,e\}$ 截取的子框架为 $AF\!\downarrow_{\{a,b,e\}} = \langle\{a,b,e\},R\bigcap(\{a,b,e\}\times\{a,b,e\})\rangle$,而由 $\{e\}$ 截取的子框架为 $AF\!\downarrow_{\{e\}} = \langle\{e\},R\bigcap\varnothing\rangle$。

◎ **定义 4.13**　(方向性)一个语义 S 满足方向性标准当且仅当 $\forall AF=<A,R>$,$\forall U\in US(AF)$(Liao,2011a):

$$AF\!\downarrow_U = \{(E\bigcap U)\mid E\in\varepsilon S(AF)\}。$$

基语义、优先语义、完全语义和理想语义都满足方向性，但是稳定语义并不满足，来看下面这个例子。

◎ **例 4.5** 如图 4.8，$AF = \langle \{a,b,c,d\}, \{(a,b),(b,c),(c,a)\} \rangle$。$AF$ 的稳定外延不存在，但是论证集合 $\{d\}$ 所截取的子框架却有稳定外延 $\{d\}$。

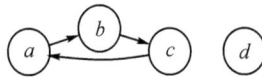

图 4.8 简单的论辩框架

我们知道，基语义的计算比较简单，而优先语义却没有易解的方法。因此，我们可以通过先计算每个优先外延的基外延部分，然后计算剩余的部分来缩小计算规模，合成两个部分的计算结果就得到完整的优先外延。基外延将论辩框架划分成两个部分：可确定的部分和不可确定的部分。第一个部分中的所有论证对所有外延的状态都是确定被接受或被拒绝的，即在基外延中或者被基外延攻击；第二个部分中的所有论证的状态是不确定的。造成语义计算复杂性的是论辩框架的不可确定部分。基于基外延的划分计算方法可以在一定程度上降低计算复杂性。

◎ **例 4.6**　如图 4.9(a)所示,虽然只有 16 个节点,但是整个框架看起来已经比较复杂。但如果我们将基外延所确定的子框架抽取出来(如图 4.9(b)中实线节点所组成的子框架),则剩下的不确定框架就会简单得多(如图 4.9(b)中虚线节点所组成的子框架)。

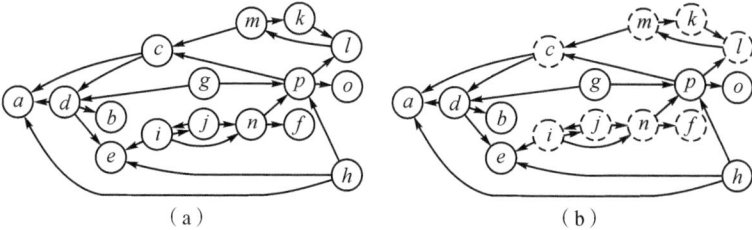

（a）　　　　　　　　　　　（b）

图 4.9　复杂的论辩框架

在划分论辩框架之前,我们还要区分两个概念:不受攻击和不受有效攻击。局部语义是基于不受攻击集合概念的,而优先语义的划分计算方法则基于不受有效攻击概念。如果一个论证被基外延攻击,则该论证被驳斥。一个被驳斥的论证对其他任何论证的攻击都是无效的,并且其他论证对其的攻击也是无效的。因此,如果一个论证不受攻击或者不受有效攻击,我们就称之为不受攻击集合。

◎ **定义 4.14**　令 $AF=\langle A,R\rangle$ 为一个论辩框架,$S\subseteq A$ 为 AF 的一个论证集合。$S^{+}=\{a\,|\,bRa,b\in S\}$ 为被 S 攻击的所有论证的集合,$S^{-}=\{a\,|\,aRb,b\in S\}$ 为攻击 S 的所有论证的集合。

◎ **定义 4.15** 令 $AF=\langle A,R \rangle$ 为一个论辩框架,GE 为 AF 的基外延,对任意的论证 $a \in A \backslash GE$,如果 $a \in GE^{+} \bigcup GE^{-}$,则称论证 a 被驳斥。

◎ **定义 4.16** 令 $AF=\langle A,R \rangle$ 为一个论辩框架,GE 为 AF 的基外延,对任意的论证 $a,b \in A \backslash GE$,aRb,如果 a 或 b 被驳斥,则 aRb 为无效攻击。同样地,对任意论证集合 $S \subseteq A$,$a \in A \backslash S$,如果 $\forall b \in S$,aRb 无效,则称论证 a 对 S 的攻击无效。

◎ **例 4.7** 如图 4.10,虚线箭头均表示无效的攻击。

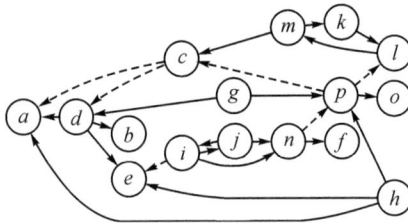

图 4.10 无效的攻击

因此,我们对不受攻击集合重新定义如下:

◎ **定义 4.17** 给定一个论辩框架 $AF=<A,R>$,论证集合 $U \subseteq A$ 不受攻击,当且仅当,$\nexists a \in (A \backslash U)$ 使得 a 攻击 U 中的论证或 $\forall a \in (A \backslash U)$,$\forall b \in S$,$aRb$ 为无效攻击。AF 的所有不受攻击集合的集合记作 $US(AF)$。

4.2.2.2　子框架的划分

我们首先要确定,当一个论辩框架被划分为确定子框架和不确定子框架时,论辩框架的每一个优先外延也正好被分成了两部分:确定子框架的优先外延正好是基外延,剩下的论证集合正好是不确定子框架的优先外延。

◎ **定义 4.18**　令 $AF=\langle A,R\rangle$ 为一个论辩框架,GE 为 AF 的基外延,AF 的可确定子框架 $AF_D=AF\downarrow_{GE\cup GE^+}=\langle A_D,R_D\rangle$,$AF$ 的不可确定子框架 $AF_U=AF\downarrow_{A\backslash(GE\cup GE^+)}=\langle A_U,R_U\rangle$。

◎ **例 4.8**　如图 4.11 所示:

AF 的确定子框架 $AF_D=AF\downarrow_{GE\cup GE^+}=\langle\{a,b,g,j\},((a,b),(g,b),(j,g))\rangle$,

AF 的不确定子框架 $AF_U=AF\downarrow_{A\backslash(GE\cup GE^+)}=\langle\{c,d,e,f,h,i\},((c,h),(h,c),(c,d),(d,c),(d,e),(d,i),(e,f),(f,e))\rangle$。

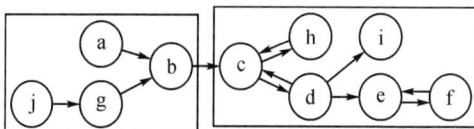

图 4.11　论辩框架的划分

我们要分别证明确定子框架和不确定子框架的论证集合都是

不受攻击论证集合。

◎ **证明 4.1** 令 $AF = <A, R>$ 为一个论辩框架，GE 为 AF 的基外延，AF 的可确定子框架为 $AF_D = <A_D, R_D>$，不可确定子框架为 $AF_U = <A_U, R_U>$。

a) 证明 A_D 为不受攻击集合

■ $\forall a \in A_U, \forall b \in A_D$，假设 aRb，因为 $A_D = GE \cup GE^+$：

— 如果 $b \in GE^+$，则 b 被驳斥，因此 aRb 为无效攻击；

— 如果 $b \in GE$，则 $a \in GE^-$，a 被驳斥，因此 aRb 为无效攻击。

— 由此可得，aRb 为无效攻击，因此 A_D 是不受攻击集合。

b) 证明 A_U 是不受攻击集合

■ $\forall a \in A_D, \forall b \in A_U, aRb$，因为 $A_D = GE \cup GE^+$：

— 如果 $a \in GE^+$，则 a 被驳斥，因此 aRb 为无效攻击；

— 如果 $a \in GE$，则 $b \in GE^+$，即 $b \in A_D$，矛盾！

— 由此可得，aRb 为无效攻击，因此 A_U 是不受攻击集合。

◎ **定义 4.19** 令 $AF = \langle A, R \rangle$ 为一个论辩框架，GE 为 AF 的基外延，AF 的不可确定子框架 $AF_U = AF \downarrow_{A \setminus (GE \cup GE^+)}$，$AF_U$ 的优先外延集合记作 $\varepsilon_{PR}(AF_U)$。

接下来我们要证明，论辩框架的每一个优先外延 $E \in \varepsilon_{PR}(AF)$

减去基外延 GE 所得到的论证集合是不确定子框架的最大可相容集合:即不确定子框架的优先外延 $E' \in (AF_U)$。

◎ **命题 4.1** 令 $AF = \langle A, R \rangle$ 为一个论辩框架,GE 为 AF 的基外延,$AS(AF)$ 为除基外延之外的可相容外延集合,则有 $\forall E \in AS(AF)$,GE 与 E 无冲突,并且 $GE \cup E$ 可相容。

◎ **证明 4.2** 我们分别证明:GE 与 E 无冲突,$GE \cup E$ 可相容。

a)证明 GE 与 E 无冲突

令 $\varepsilon_{PR}(AF)$ 为 AF 的优先外延集合。对任意 $E_1 \in AS(AF)$,$\exists E_2 \in \varepsilon_{PR}(AF)$,使得 $E_1 \subseteq E_2$。又因为基外延是所有优先外延的子集,因此 $GE \subseteq E_2$。E_2 无冲突,因此 E_1 与 GE 无冲突。

b)证明 $GE \cup E$ 可相容

令 $E_3 = GE \cup E_1$,$\forall a \in GE$,a 对 GE 可相容,因此 a 对 E_3 可相容;同样地,$\forall b \in E_1$,b 对 E_1 可相容,因此 b 对 E_3 可相容。因此,$\forall c \in E_3$,c 对 E_3 可相容,即 E_3 是可相容集合。

◎ **命题 4.2** 在优先语义下,$\forall E \in \varepsilon_{PR}(AF)$ 都有 $E = GE \cup E'$,其中 $E' \in \varepsilon_{PR}(AF_U)$。

要证明 E' 是不确定子框架的优先外延,我们首先证明 E' 可相容,然后证明 E' 最大。

◎ **证明 4.3** 我们分别证明 E' 无冲突、可相容并且是 AF_U 的最大可相容集合。

a) 证明 E' 无冲突

■ 因为 E 可相容，所以 E 无冲突；显而易见地，E 的任何子集都是无冲突的，因此 E' 是无冲突的。

b) 证明 E' 可相容

■ 假设 $\exists a \in E', b \in A_U, bRa$，并且 $\nexists c \in E'$ 使得 cRb。因为 $a \in E', E' \subseteq E$，因此 $a \in E$。$E \subseteq \varepsilon_{PR}(AF)$，因此 $\forall d \in E, d$ 对 E 可接受，所以 a 对 E 可接受。则 $\exists c' \in A_D$，使得 $c'Rb$。若 $c' \in GE$，则 $b \in GE^+$，即 $b \in A_D$，矛盾；若 $c' \in GE^+$，则 a 没有得到防御，a 对 E 不可接受，矛盾。因此，E' 可相容。

c) 证明 E' 是 AF_U 的最大可相容集合

■ 假设 E' 不是 AF_U 的最大可相容集合，即 $\exists E'' \in \varepsilon_{PR}(AF_U), E' \subset E''$。由定理 1 可知，$GE \cup E'$ 为可相容集合。$GE \cup E'$ 为 AF 的优先外延，而 $(GE \cup E') \subset (GE \cup E'')$，证明 $GE \cup E'$ 不是 AF 的最大可相容集合，矛盾！因此，E' 是 AF_U 的最大可相容集合，即 AF_U 的优先外延。

4.2.2.3　论辩框架的合并

上面我们已经证明可以把一个论辩框架分成确定子框架和不确定框架两个部分,现在我们要证明分别计算的子框架优先外延可以合成为整个论辩框架的优先外延。

◎ **命题 4.3**　在优先语义下,对所有 $E' \in \varepsilon_{PR}(AF_U)$ 都有 $GE \cup E' = E$,其中 $E \in \varepsilon_{PR}(AF)$。

◎ **证明 4.4**　我们需要分别证明合成后的外延无冲突、可相容,并且是最大的可相容集合。

a)证明 $GE \cup E'$ 无冲突

■　由定理 1 的证明可知,$E = GE \cup E'$ 无冲突。

b)证明 $GE \cup E'$ 可相容

■　$\forall a \in GE \cup E'$,a 对 $GE \cup E'$ 可接受,因此,$GE \cup E'$ 是可相容集合。

c)证明 $GE \cup E'$ 是最大可相容集合

■　因为 E',GE 分别是 AF_U,AF_D 的最大可相容集合,因此 $GE \cup E'$ 是 $AF_U \cup AF_D$ 的最大可相容集合,即 $GE \cup E' = E$ 是 AF 的优先外延。

◎ **例 4.9** 再来看一个例子,先单独计算出图 4.10 的可确定子框架(图 4.12(a))的优先外延,即图 4.10 的基外延 $\{g,o,h,b\}$;然后计算出未确定子框架(图 4.12(b))的两个优先外延 $\{i,f\}$ 和 $\{j,f\}$,则整个论辩框架的优先外延就是 $\{g,o,h,b,i,f\}$ 和 $\{g,o,h,b,j,f\}$。如果不用划分的算法,那么我们很可能要在更多次猜测以后才能求出所有的优先外延。

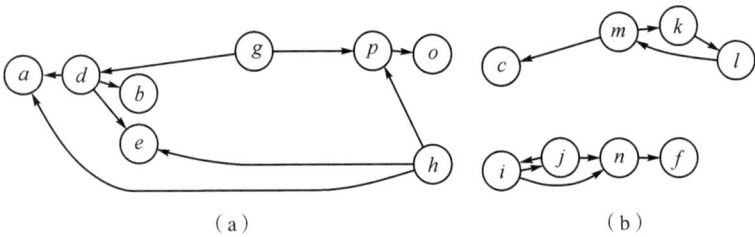

（a）　　　　　　　　　　　　（b）

图 4.12　图 4.10 论辩框架的划分

抽象论辩框架优先语义的计算是一个复杂性问题,如何提高计算效率并降低计算复杂性是语义计算因此变得尤为重要。论辩研究者们提出了一些局部算法,在一定程度上缓解了计算困难。我们提出了一个基于基外延的划分计算方法:用基外延将论辩框架分成两个子框架,分别计算外延(以优先外延为例),然后合成两个外延,得到整个论辩框架的外延。我们在局部语义[12,13]的基础上证明了该方法的可行性。此外,该方法还可以结合其他的计算方法,例如用来减小 SCC 的大小,从而在一定程度上进一步降低优先语义的计算复杂性。

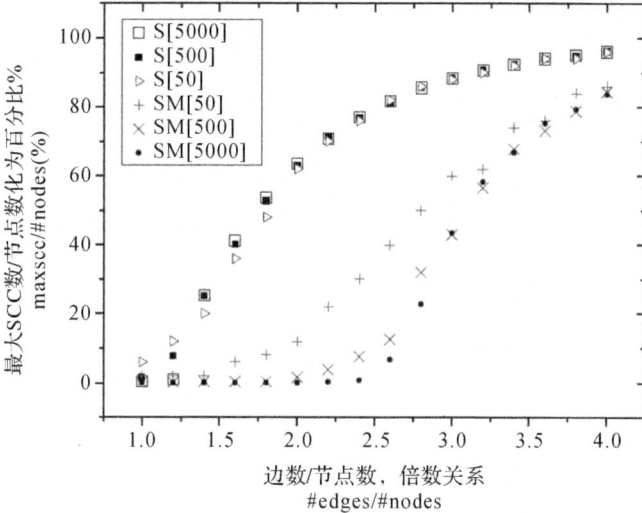

图 4.13 SCC 方法和 MSR 方法的实验数据

如图 4.13 所示(Liao,2013a),对于密度(边和顶点的比)在 0～1.8 的论辩框架,MSR 方法可以有效地减小 SCC 的大小。

我们还可以进一步深化划分计算的思想:首先计算出基外延;再通过论辩树证明的方法求出不确定子框架的怀疑优先语义,进一步缩小不确定计算的范围;然后在剩下的子框架中求局部优先外延;最后合成 3 个部分的外延得到完整的优先外延。

4.2.2.4 MSR 方法的实例

如表 4.3,我们采用矩阵的右上部分进行论辩形式化,得到一个顶点数为 28、边数为 166 的论辩有向图。虽然我们只有 8 位学生进行配对,得到的有向图却已经比较复杂,如图 4.14(a)。但是,如果我们采用 MSR 方法,把不受攻击的配对 $(1,5)$、$(2,3)$ 先计算出来,并且删除所有受这两个配对攻击的其他配对,则剩下的论辩框架有向图只剩 6 个顶点和 11 条边,如图 4.14(b)。继续上一过程,配对 $(4,7)$ 不受攻击,删除受该配对攻击的所有其他配对,最后剩下 4 个顶点和 0 条边,这 4 个顶点的集合正好是我们所要求的稳定匹配。

表 4.3　经典的稳定室友问题①

	S_1	S_2	S_3	S_4	S_5	S_6	S_7	S_8
S_1		3,1	1,3	6,8	8,7	7,7	4,5	5,1
S_2	1,3		7,8	3,5	5,3	2,3	4,6	6,2
S_3	3,1	8,7		6,4	7,6	1,5	2,8	5,6
S_4	8,6	5,3	4,6		7,1	3,4	6,4	2,3
S_5	7,8	3,5	6,7	1,7		5,6	4,3	2,7
S_6	7,7	3,2	5,1	4,3	6,5		5,2	4,4
S_7	5,4	6,4	8,2	4,6	3,4	2,5		1,8
S_8	1,5	2,6	6,5	3,2	7,2	4,4	8,1	

稳定婚姻问题有两组不同性别的对象,只有同一行或者同一列的配对之间才有冲突;而稳定室友问题的对象没有性别之分,如定

---

① 自己不能选择自己,因此对角线上配对均不可接受。

义 3.6 所示，还存在第三种冲突情况。因此，在稳定室友问题下，MSR 方法的效果会更好。

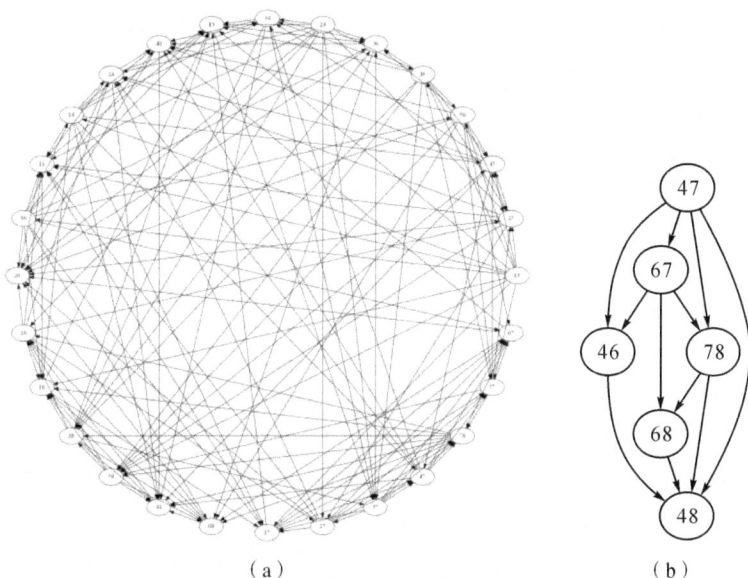

（a）　　　　　　　　　　　　　（b）

图 4.14　基于 MSR 方法的计算

图 4.15 和图 4.16 分别为 sm 问题和 sr 问题的实验数据，其中横轴表示匹配问题的大小（10 表示 10 位男士和 10 位女士进行匹配，或者 10 位对象之间的配对），纵轴表示配对数量。AF_D 为该稳定匹配问题的论辩框架中论证状态确定的子框架，因此"AF_D 大小"表示状态确定的子框架的大小，"计算 AF_D 的时间"表示计算状态确定的子框架的时间，"AF_D 的比例"表示状态确定的子框架占整个框架的比例。

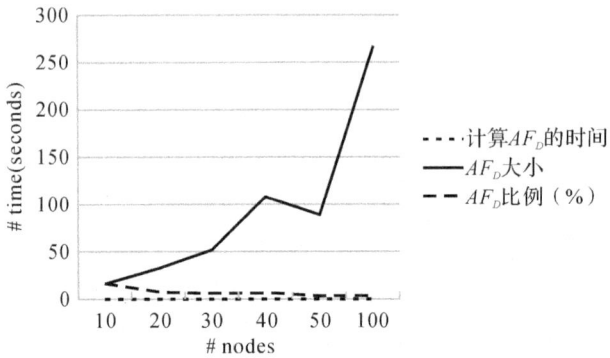

图 4.15　*sm* 问题的实验数据

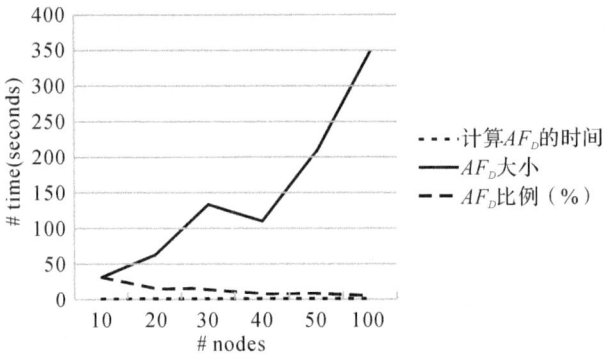

图 4.16　*sr* 问题的实验数据

从实验数据我们可以看到,随着匹配问题的变大,确定子框架也变大,但是其计算时间几乎没有变化。要注意的是,虽然确定子框架变大,但是其总体比例却随着匹配问题的变大而变小。这是因为配对数量是匹配问题的幂函数。假设一个稳定匹配问题的大小为 n,则其可能的配对数量为 n^2;假设该稳定匹配问题的大小增长为

原来的 kn 倍,则其可能的配对数量为 k^2n^2。新匹配问题的大小是原匹配问题的 k 倍,而可能的配对数量则是原匹配问题的 k^2n,即配对数量的增长是匹配问题增长的 kn 倍。

4.2.3　基于无冲突集合扩展的方法

在应用 MSR 方法将所有绝对可接受和绝对被驳斥的论证计算出来以后,我们还需要对剩余的论辩框架进行计算。

无论是稳定语义还是优先语义,一个外延最基本的要求是无冲突。在此基础上,稳定语义要求外延攻击所有不属于其的论证,因此也是可相容的;优先语义要求外延是最大的可相容集合。我们求解稳定语义或者优先语义都可以从求解最小的可相容集合开始。

与一般的抽象论辩框架相比,稳定匹配问题的论辩框架有其特殊性。我们知道,不稳定配对总是两两出现,因此,判断一个配对涉及 3 个配对。在带全序偏好列表的稳定匹配问题中,对于无冲突的两个配对,即不在同一行也不在同一列的两个配对,如果它们受到同一个配对的攻击,则这两个配对就是不稳定的,不能同时属于任何一个稳定匹配。在带无差别偏好列表的稳定匹配问题中,如果两个无冲突的配对受到同一个配对的攻击,但是其中一个配对进行了自我防御,即攻击第三个配对,则这两个配对就可能属于某个稳定匹配。

因此，我们将不可能属于任何稳定匹配的任意两个配对删除，然后从可能属于某个稳定匹配的两个配对开始，判断加入新的无冲突配对后，配对的论证集合是否仍然是稳定的。

对于论辩框架中的任意两个无冲突论证 a、b，如果 a、b 不受同一个论证的攻击，则将$\{a,b\}$看作初始可相容集合。反之，如果 a、b 受同一个论证的攻击，则将$\{a,b\}$看作初始不可相容集合。

对于论辩框架中的任意其他论证 c，如果 c 与$\{a,b\}$无冲突并且 c 与$\{a,b\}$没有共同的攻击者，则将 c 加入$\{a,b\}$，得到$\{a,b,c\}$，以此类推，直至遍历每一个论证。

首先我们给出两个论证无冲突的代码①。

```
代码1：
def arg_conflict_free（G，a，b）：
    if（a，b）not_in_G.edges（）and（b，a）not_in_G.edges（）：
        return True
    else：
        return False
```

然后判断两个无冲突论证是否受到同一个论证的攻击，如果否，则返回这两个论证的集合为初始可相容集合；反之则返回这两

---

① G 表示论辩框架的有向图，大写字母 S 表示论证集合，小写字母 a，b，c 表示论证，predecessors 表示攻击论证集合，successors 表示被攻击论证集合，isdisjoint 表示两个集合无交集，joint 为两个集合的交集。

个论证集合为初始不可相容集合。

代码 2：

```
for a in G.nodes():
  for b in G.ndoes():
    if a!=b:
      if arg_conflict_free(G,a,b):
        if G.predecessors(a).isdisjoint(G.predecessors(b)):
          return stable_set =[a,b]
        else if G.predecessors(a).isdisjoint(G.predecessors(b)):
          return instable_set =[a,b]
```

两个相互冲突的论证集合不能进行合并。即使两个集合都是初始可相容的，合并后也可能出现不可相容的情况，即其中两个论证的配对存在阻塞对。令所有初始可相容集合的集合为 *Stable*，令所有初始不可相容集合的集合为 *Instable*。判断两个初始可相容集合是否无冲突并且是否能够合并。

代码 3：

```
for set1 in Stable:
    for set2 in Stable:
        for a in set1:
            for b in set2:
                if(a,b) in G.edges() or (b,a) in G.edges():
                    break
                else if set1.joint(set2) in Instable:
                    set1.extend(set2)
                    Stable.remove(set1)
                    Stable.remove(set2)
```

在遍历 Stable 中的所有论证集合后，我们就得到最大的可相容集合。当然，为了准确起见，我们最后还可以判断该集合是否可相容。

代码 4：

```
def admissible_set(G,S):
    for node in S:
        if G.predecessor(S).issubset(G.successors(S)):
            return True
        else:
            return False
```

如果一个最大的无冲突集合 S 攻击所有攻击 S 的论证，则 S 就是最大可相容集合，即优先外延。如果是无差别列表，则我们要对代码 2、代码 4 添加自我防御的情况。

代码 2-1：

```
for a in G.nodes():
    for b in G.ndoes():
        if a!= b:
            if arg_conflict_free(G,a,b):
                if G.predecessors(a).isdisjoint(G.predecessors(b)):
                    return stable_set = [a,b]
                if not G.predecessors(a).isdisjoint(G.predecessors(b)):
                    for c in G.predecessors(a).joint(G.predecessors(b)):
                        if (a,c) in G.edges() or (b,c) in G.edges():
                            return stable_set = [a,b]
                if not G.predecessors(a).isdisjoint(G.predecessors(b)):
                    return instable_set = [a,b]
            if not G.predecessors(a).isdisjoint(G.predecessors(b)):
                for c in G.predecessors(a).joint(G.predecessors(b)):
                    if not (a,c) in G.edges() and not (b,c) in G.
```

```
edges();
    return instable_set = [a,b]
```

在论辩框架的语义计算中,状态不确定的论证是计算的困难所在。我们用 MSR 方法将绝对可以接受,绝对不可以接受的论证先计算出来,这样就减小了不确定论证的范围,从而提高计算效率。

在计算状态不确定的论证,我们从稳定匹配问题的论辩框架特征出发,从最基本的无冲突论证集合开始,逐步扩展,最后得到最大的无冲突集合(在集合包含的意义上)。如果该无冲突集合是可相容的,则我们得到一个优先外延,反之则不是优先外延。要注意的是,我们的初始无冲突论证集合是满足一定条件的,即两个论证的配对不存在阻塞对,因此是最小的稳定匹配,初始无冲突集合是可相容的。也就是说,我们从最小的可相容集合出发,逐步将其扩展为最大的可相容集合,从而得到我们所要求解的优先外延。

下面我们对初始无冲突集合的可相容性进行简单证明:假设有初始无冲突论证集合 $\{a,b\}$,a、b 无冲突,令 a、b 的配对分别为 (m,w) 和 (m',w'),其中 $m \neq m'$,$w \neq w'$。可能同时攻击 a、b 的论证 c 的配对只能是 (m,w') 或 (m',w),又因为 a、b 不同时受 c 的攻击,即如果 m 更偏好 w',则 w' 更偏好 m',也就是说,如果 c 攻击 a,则 b 攻击 c;如果 m' 更偏好 w,则 w 更偏好 m,也就是说,如果 c 攻击 b,则 a 攻击 c。因此,初始无冲突论证集合 $\{a,b\}$ 总是能防御其他论证对其的攻击,$\{a,b\}$可相容。

当然,有些稳定匹配不能被扩展为完备的稳定匹配,如图 3.5 中的论证集合$\{15,36\}$。一旦加入论证 24,则完备匹配$\{15,36,24\}$存在阻塞对,因此是不稳定的。所以我们同时求解两两稳定的配对集合和两两不稳定的配对集合,如果两个稳定的配对集合合并后出现两个不稳定配对,则合并就是无效的;反之则得到一个新的稳定配对集合。一般地,如果存在其他完备稳定匹配,则我们就不选择不完备的稳定匹配;如果不存在完备的稳定匹配,我们就尽量选择配对最多的匹配。

◎ **例 4.10** 在表 3.7 的论辩框架图 3.4 中,我们找不到初始可相容论证集合,任意两个无冲突配对都受到同一个论证的攻击,因此,任意两个无冲突配对构成的部分匹配都是不稳定的。

第 5 章

稳定婚姻问题的论辩动态性

在稳定匹配问题中,有可能出现某个对象临时无法出席,又或者每位对象依次给出对异性的偏好列表。如果某位对象想与他/她最喜欢的异性进行配对,则需要在得知他人偏好列表的前提下采用某种策略,使得自己的胜算最大。还有可能的是,经过一段时间的相互了解,某位对象觉得自己不能接受目前的匹配对象,或者更喜欢另一位异性。这些都需要我们对稳定匹配问题进行重新求解,新的匹配问题有可能不存在稳定匹配,或者得到稳定配对的人数比原来少,或者稳定匹配中的配对完全改变。

传统的研究主要分析匹配对象得到的配对更好或者更差的情况,而没有对匹配问题的重新计算进行讨论。此外,用组合数学的矩阵或者图论的有向图不能灵活地处理稳定匹配问题的动态变化，而抽象论辩理论则为稳定匹配问题的动态变化提供了现成的研究结果和方法。

论辩框架论证或攻击关系的改变主要有以下 4 种情况：在已有的两个论证间增加一条攻击关系，删除一条攻击关系，增加一个论证以及该论证与已有论证之间的所有攻击关系，删除一个论证以及与该论证有关的所有攻击关系。

相应地，匹配的过程中可能出现两种情况的变动：增加或删除一个配对，偏好列表改变。

删除一个配对或一组配对就是删除论证，我们把一组论证的删除转化为一次删除一个论证的情况；而配对满意度的改变并不删除论证，但是论证间的攻击关系可能发生改变，即攻击关系可能会增加或者删除，因此我们考虑一次增加一条攻击关系或删除一条攻击关系的情况。

5.1 *sm* 问题：增加或删除配对

在抽象论辩框架的动态计算中，我们可以只考虑那些受影响的论证状态如何改变，而无须重新计算不受影响的论证。

如果删除表 3.3 中的配对 (m_0, w_1)，(m_1, w_2)，我们得到表 5.1，

则论辩框架从图 3.1 变为图 5.1,我们得到一个新的稳定外延{02,11,20}。

表 5.1　男士与女士的满意度组合列表

	w_0	w_1	w_2
m_0	1,3	~~3,3~~	2,1
m_1	1,1	2,1	~~3,3~~
m_2	3,2	2,2	1,2

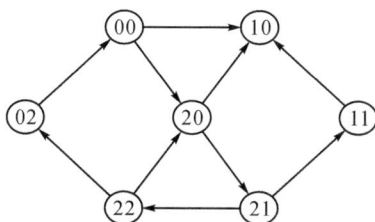

图 5.1　表 5.1 的论辩框架

为简化论辩框架图,我们用字母 a 指代配对(m_0,w_0)的论证,则表 5.2(a)的论辩框架如图 5.2 所示,我们总共有 6 种可能的匹配,其中只有稳定外延$\{d,c,h\}$,$\{a,e,i\}$,$\{b,f,g\}$是稳定匹配;而$\{a,f,h\}$,$\{b,d,i\}$,$\{c,e,g\}$都不是稳定外延,也就不是稳定匹配。

如果我们将配对(m_0,w_0)删除,也就是将论证 a 删除,得到表 5.2(b)及其论辩框架,如图 5.3 所示。

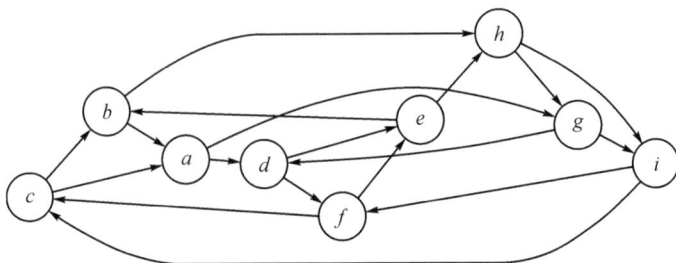

图 5.2　表 5.2(a)的论辩框架图

表 5.2　配对的删除或增加

	w_0	w_1	w_2		w_0	w_1	w_2
m_0	$1,3;a$	$2,2;b$	$3,1;c$	m_0		$2,2;b$	$3,1;c$
m_1	$3,1;d$	$1,3;e$	$2,2;f$	m_1	$3,1;d$	$1,3;e$	$2,2;f$
m_2	$2,2;g$	$3,1;h$	$1,3;i$	m_2	$2,2;g$	$3,1;h$	$1,3;i$
	(a)				(b)		
	w_0	w_1	w_2		w_0	w_1	w_2
m_0	$1,3;a$	$2,2;b$	$3,1;c$	m_0		$2,2;b$	$3,1;c$
m_1	$3,1;d$	$1,3;e$		m_1	$3,1;d$	$1,3;e$	
m_2	$2,2;g$	$3,1;h$	$1,3;i$	m_2	$2,2;g$	$3,1;h$	$1,3;i$
	(c)				(d)		
	w_0	w_1	w_2		w_0	w_1	w_2
m_0		$2,2;b$	$3,1;c$	m_0	$1,3;a$		$3,1;c$
m_1	$3,1;d$	$1,3;e$		m_1	$3,1;d$	$1,3;e$	
m_2	$2,2;g$		$1,3;i$	m_2		$3,1;h$	$1,3;i$
	(e)				(f)		

将论证 a 删除后,我们得到的稳定外延变为 $\{d,c,h\}$,$\{b,f,g\}$,外延的个数变少,但是其余稳定外延的内容没有发生改变。反之,如果从表 5.1(b) 到表 5.1(a),我们增加了论证 a,外延的数量变多,原有的外延内容也没有发生改变。

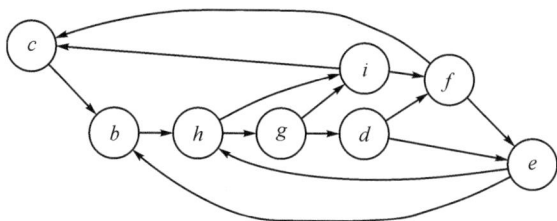

图 5.3 表 5.2(b) 的论辩框架图

如果我们把论证 f 删除,则得到表 5.2(c),相应的论辩框架如图 5.4 所示。稳定外延变为 $\{d,c,h\}$,$\{a,e,i\}$。同样地,稳定外延的数量变少,原有外延的内容不变。

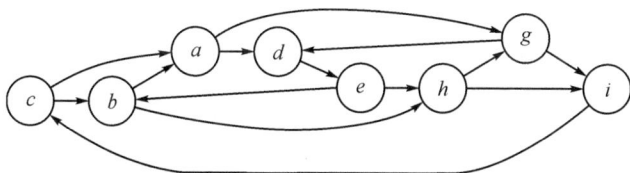

图 5.4 表 5.2(c) 的论辩框架图

如果我们一次删除 a、f 两个论证,则得到表 5.2(d) 及其相应的论辩框架。如图 5.5,此时的稳定外延变为 $\{d,c,h\}$,$\{c,e,g\}$,外延数量变少,原有外延的内容发生改变。如果从表 5.2(d)到表 5.2(a),则外延数量变多,内容也改变了。如果继续删除论证 h,如表 5.2(e),则只有一个稳定外延$\{c,e,g\}$。如果将论证 b、f、g 删除,则正好将原有的稳定外延$\{b,f,g\}$删除。改变表 5.2(a)的论证,只要把相应的外延删除或者复原,这是因为每一个配对在且仅在一个稳定匹配中。

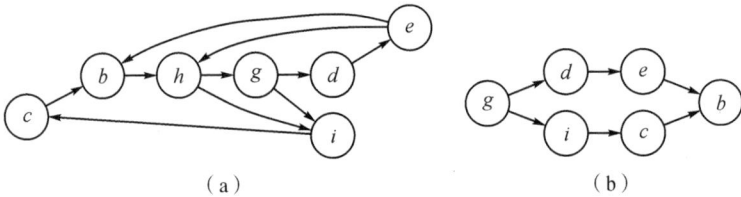

图 5.5   表 5.2(d)、表 5.2(e)的论辩框架图

5.2 sm 问题:改变偏好列表

在 sm 问题中,偏好列表是严格全序的,因此如果我们改变其中一个满意度,则至少有另一个满意度也会改变。在 smt 中,配对对象可以对两个或多个异性给出同样的满意度。因此,只改变一个满意度的情况是可能的。无论改变多少个满意度,我们都可以采用一次分析一个改变的方法,直至遍历每一个改变,其核心思想都是一样的:论证改变对其余哪些论证产生了什么影响。

如图 5.6(a)，表 5.3 中配对 33,21 不受攻击，被它们攻击的配对可以直接删除，因此得到图 5.6(b)。我们可以看到，此时配对 00 也不受攻击，因此 02,10 也可以直接删除，最后我们得到唯一的一组稳定匹配 $\{00,12,21,33\}$。

如果将表 5.3(a) 中 w_1 对 m_0,m_2 的满意度对换，则得到表 5.3(b) 及其简化的论辩框架图 5.7，该论辩框架只有一个稳定外延 $\{01,10,22,33\}$。

表 5.3　偏好列表的改变

	w_0	w_1	w_2	w_3		w_0	w_1	w_2	w_3		w_0	w_1	w_2	w_3
m_0	2,3	4,2	1,3	3,1	m_0	2,3	4,4	1,3	3,1	m_0	2,3	4,2	1,3	3,1
m_1	3,1	2,3	4,2	1,2	m_1	3,1	2,3	4,2	1,2	m_1	3,1	2,3	4,2	1,2
m_2	1,2	4,4	3,4	2,3	m_2	1,2	4,2	3,4	2,3	m_2	4,2	1,4	3,4	2,3
m_3	3,4	1,1	2,1	4,4	m_3	3,4	1,1	2,1	4,4	m_3	3,4	1,1	4,1	2,4
	（a）					（b）					（c）			

表 5.2(a)、(b) 论辩框架的计算都很简单，求出的基语义就是我们所要的稳定外延。这是因为存在两个固定配对，使得这两个配对所在的行、列中的其他配对都可以直接删除，从而大大减少了需要计算的论证。如果我们改变偏好列表，使得其中没有固定配对，则计算难度会比较大。如表 5.3(c) 所示，将两对配对的其中一个满意度对换之后，论辩框架变得比较复杂，无法进行简化，如图 5.8。虽

然没有不受攻击的论证,但是我们可以尝试从受最少攻击的论证
22,30 开始,正好得到一个稳定外延{03,11,22,30}。

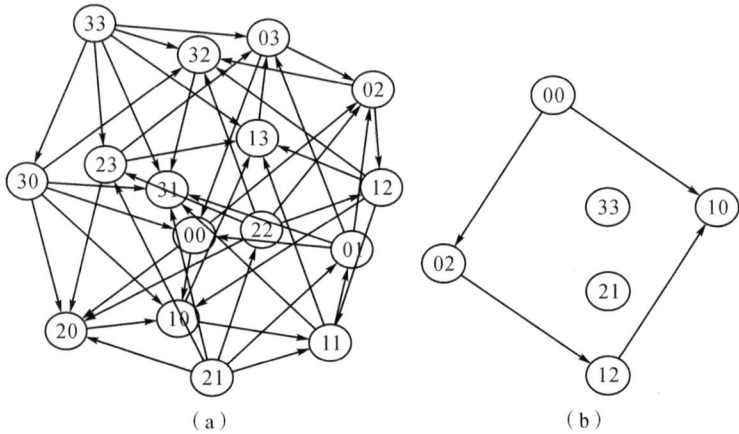

（a）

（b）

图 5.6　表 5.3(a)的论辩框架

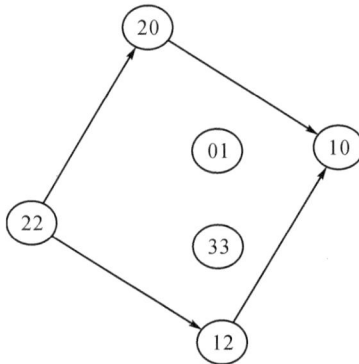

图 5.7　表 5.3(b)的简化论辩框架

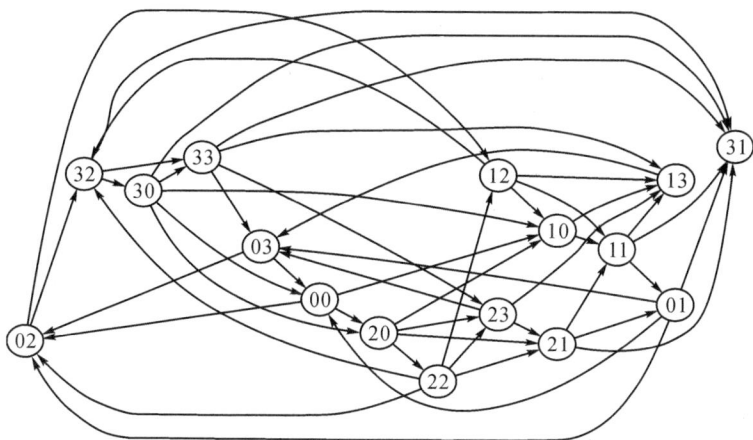

图 5.8 表 5.3(c) 的论辩框架

5.3 匹配问题的动态计算

5.3.1 基于划分的方法[①]

当论辩框架中的某些论证或论证关系发生改变,如被删除或被添加,原有的论辩框架中的论证可能不受影响,可能部分受影响,可能全部受影响。为了提高计算的效率,我们可以只重新计算可影响

---

① 此处所用实例和具体的分析结果均引自 Liao B et al. (2011b)。

的部分。最好的情况是全部不受影响,比如只增加一个单独的论证而不增加攻击关系,或者只删除那些绝对被驳斥的论证。大部分的情况是有些论证受影响,有些论证不受影响,我们只需要重新计算受影响的部分。最差的情况才是全部受影响,此时我们要全部重新计算。这就是基于划分的动态计算方法(Liao,2011)。

如图 5.9 所示,左侧部分为原有的论辩框架 $AF_1 = <A_1, R_1>$,右侧部分为新添加的一个论辩子框架 $AF_2 = <A_2, R_2>$。(a_4, a_9) 和 (a_2, a_5) 是两个框架间新增加的攻击关系,记作 $I_{(C(A_1), A_2)} = \{(a_2, a_5), (a_4, a_9)\}$,论证 a_2、a_4 为控制论证,记作 $C(A_1) = \{a_2, a_4\}$。左侧部分所有论证 A_1 为不受影响的子框架,右侧部分为受影响的子框架(Liao,2011b)。

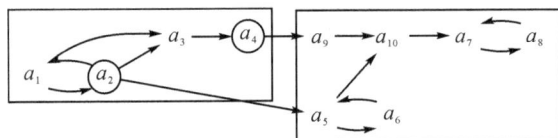

图 5.9 划分的论辩框架

基于划分的动态方法保留不受影响部分的外延,即 AF_1 的外延,然后根据控制论证(即 a_2、a_4)相对于所有外延的状态来决定受影响部分的论证状态,即 AF_2 中论证的状态,最后得到完整的外延[①]。

----

① 基于划分的动态计算方法有严格、系统的定义,具体可参见文献 Liao B et al.(2011b)。

AF_1 的优先外延集合为 $E_1 = \{E_{11}, E_{12}\}$，其中 $E_{11} = \{a_1, a_4\}$，

$E_{12} = \{a_2, a_4\}$。对于 AF_1 中所有论证的状态指派为 $S_1 = (S_{11}, S_{12})$，

其中 $S_{11} = \{(a_1, a_4), (a_2, a_3), \varnothing\}$，$S_{12} = \{(a_2, a_4), (a_1, a_3), \varnothing\}$，

$S'_{12} = \{(a_2, a_4), \varnothing, \varnothing\}$[①]。控制论证集合 $\{a_2, a_4\}$ 相对于 S_1 的状态

为 $S'_{11} = \{(a_4), (a_2), \varnothing\}$，$S'_{12} = \{(a_2, a_4), \varnothing, \varnothing\}$。因此我们可以得

到集合 $\{a_5, a_9\}$ 的相对 S'_{11} 和 S'_{12} 初始状态分别为 $\{(a_5), (a_9), \varnothing\}$ 和

$\{\varnothing, (a_5, a_9), \varnothing\}$，即 $\{a_5, a_9\}$ 的初始外延集合为 $\{\{a_5\}, \varnothing\}$。我们根

据这个初始外延集合来计算 AF_2 的外延：当 a_5 可接受时、a_9 不可接

受时，即在 E_{11} 条件下，得到 $\{E_{21}, E_{22}\}$，其中 $E_{21} = \{a_5, a_7\}$，$E_{22} = \{a_5,$

$a_8\}$，当 a_5、a_9 都不可接受时，得到 $E_{23} = \{a_6, a_8, a_{10}\}$。将两个部分的

外延合并，我们得到：

$$E_{11} + E_{21}: \{a_1, a_4, a_5, a_7\}; \qquad E_{11} + E_{22}: \{a_1, a_4, a_5, a_8\};$$

$$E_{11} + E_{23}: \{a_1, a_4, a_6, a_8, a_{10}\}; \quad E_{12} + E_{23}: \{a_2, a_4, a_6, a_8, a_{10}\}.$$

5.3.2　基于论证状态的方法

我们在基于划分的基础上，尝试在保证无冲突的前提下直接合

并两个部分的外延，然后检验受影响子框架中剩余论证的可接

---

① 　在任何语义下，对于任何一个外延，所有论证的状态分为三种：被证成的，被
拒绝的，以及状态不确定的——既不被证成也不被拒绝。被证成的论证集合就是要
求的外延。

受性。

继续分析图 5.9,不受影响部分的外延为 $E_{11} = \{a_1, a_4\}$，$E_{12} = \{a_2, a_4\}$，受影响部分的外延为 $E_{21} = \{a_5, a_7, a_9\}$，$E_{22} = \{a_5, a_8, a_9\}$，$E_{23} = \{a_6, a_7, a_9\}$，$E_{24} = \{a_6, a_8, a_9\}$。

如图 5.10(a)所示:a_2 的初始状态为 IO①;a_4 的初始状态为 I;a_5 的初始状态为 IO;a_6 的初始状态为 IO;a_7 的初始状态为 IO;a_8 的初始状态为 IO;a_9 的初始状态为 IO;a_{10}的初始状态为 O。

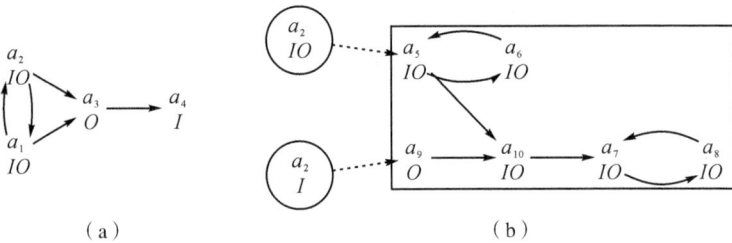

（a）　　　　　　　　　　　　　　（b）

图 5.10　论证的初始状态

AF_2 的原始外延集合为 $\{\{a_5, a_7, a_9\}, \{a_5, a_8, a_9\}, \{a_6, a_7, a_9\}, \{a_6, a_8, a_9\}\}$。在每一个外延下,所有论证的状态分别为:

$S_1 = \{\{a_5, a_7, a_9\}, \{a_6, a_8, a_{10}\}, \varnothing\}$;

$S_2 = \{\{a_5, a_8, a_9\}, \{a_6, a_7, a_{10}\}, \varnothing\}$;

$S_3 = \{\{a_6, a_7, a_9\}, \{a_5, a_8, a_{10}\}, \varnothing\}$;

---

①　如果一个论证的状态为 in,我们称其为 I 论证;如果一个论证的状态为 out,我们称其为 O 论证;如果一个论证的状态为 (in, out),我们称其为 IO 论证。

$S_4 = \{\{a_6, a_8, a_9\}, \{a_5, a_7, a_{10}\}, \varnothing\}$。

添加了攻击关系 $\{(a_2, a_5), (a_4, a_9)\}$ 之后,论证的状态如图 5.10(b)所示,论证 a_9 的状态从 I 变为 O,因此论证 a_9 应该从所有外延中删除,外延集合变为 $\{\{a_5, a_7\}, \{a_5, a_8\}, \{a_6, a_7\}, \{a_6, a_8\}\}$,所有论证的状态变为:

$S_1 = (\{a_5, a_7\}, \{a_6, a_8, a_{10}, a_9\}, \varnothing)$;

$S_2 = (\{a_5, a_8\}, \{a_6, a_7, a_{10}, a_9\}, \varnothing)$;

$S_3 = (\{a_6, a_7\}, \{a_5, a_8, a_{10}, a_9\}, \varnothing)$;

$S_4 = (\{a_6, a_8\}, \{a_5, a_7, a_{10}, a_9\}, \varnothing)$。

这个时候 a_{10} 在 S_3 和 S_4 下的状态是不合法的,因为论证 a_{10} 的状态从 O 变为了 IO,因此,必须将 a_{10} 加入某些集合。将 a_{10} 加入到第三个外延 $\{a_6, a_7\}$ 时,论证 a_7 必须删除,得到 $\{a_6, a_{10}\}$;此时论证 a_8 对 $\{a_6, a_{10}\}$ 可接受,因此加入后变为 $\{a_6, a_8, a_{10}\}$,与 a_{10} 直接加入第四个外延 $\{a_6, a_8\}$ 得到的结果一样。由此我们得到 AF_2 的新优先外延集合 $E_2 = \{E_{21}, E_{22}, E_{23}\}$,$E_{21} = \{a_5, a_7\}$,$E_{22} = \{a_5, a_8\}$,$E_{23} = \{a_6, a_8, a_{10}\}$,以及所有论证的状态集合:

$S_1 = (\{a_5, a_7\}, \{a_6, a_8, a_{10}, a_9\}, \varnothing)$;

$S_2 = (\{a_5, a_8\}, \{a_6, a_7, a_{10}, a_9\}, \varnothing)$;

$S_3 = (\{a_6, a_8, a_{10}\}, \{a_5, a_8, a_{10}, a_9\}, \varnothing)$。

将 E_1,E_2 进行合并,前提是:包含论证 a_2 的外延不与包含论证 a_5 的外延进行合并,包含论证 a_4 的外延不与包含论证 a_9 的外延进行合并：

$E_{11}+E_{21}:\{a_1,a_4,a_5,a_7\}$，可相容，是论辩框架 AF_1+AF_2 的优先外延；

$E_{11}+E_{22}:\{a_1,a_4,a_5,a_8\}$，可相容，是论辩框架 AF_1+AF_2 的优先外延；

$E_{11}+E_{23}:\{a_1,a_4,a_6,a_8,a_{10}\}$，可相容，是论辩框架 AF_1+AF_2 的优先外延；

$E_{12}+E_{23}:\{a_2,a_4,a_6,a_8,a_{10}\}$，可相容，是论辩框架 AF_1+AF_2 的优先外延。

通过上述过程求得的不受影响部分的外延是可相容的，并且两个部分的可相容集合合并后也是可相容的。

基于所有论证状态的方法与基于划分的方法有类似的地方，如将整个框架划分为受影响和不受影响的部分，重新计算不受影响的部分。不同在于，在重新计算不受影响的部分时，我们首先计算论证状态的改变，然后使得论证在受影响的框架内得到合法的状态；将由此得到的可相容集合与不受影响部分的集合进行合并：在无冲突的原则下，两个互相冲突的集合不能进行合并。这样做的好处是：我们只需要重新计算状态改变的论证，对于那些状态没有改变的论证，它们在某个语义下对所有外延的状态不变。因此，我们只需要对原有的所有外延进行操作和检验。有些外延保持不变，有些外延发生变化；当然可能存在最差的情况，即所有外延都发生改变。

在增加或删除攻击关系后,我们只需要对受影响部分的论证状态集合进行逐个检验。如果状态不合法,则根据合法加标规则对其进行转换,直至得到合法的加标。

我们以 sm 和 smt 问题的论辩框架为例,研究稳定语义下论证状态如何发生变化。Dvovrák(2011)给出了各个论辩语义下的论证证成状态并讨论了证成的复杂性问题,其中在稳定语义下,论证的可能证成状态为 $\{(in),(out),(in,out),\varnothing\}$。在稳定匹配问题的论辩框架中,如果不存在奇数攻击环,我们才能用稳定语义来求解。此时稳定外延肯定存在,因此论证的可能证成状态为 $\{(in),(out),(in,out)\}$。

虽然论辩框架可能一次增加或删除多条攻击关系,但是我们仍然逐一解决。因此,我们只研究一次增加一条攻击关系或一次删除一条攻击关系的情况。

增加一条攻击关系后,论证的状态变化:

$I{\rightarrow}O, O{\rightarrow}O, IO{\rightarrow}O$:$O$ 论证受到任何攻击都不会发生改变;

$O{\rightarrow}O, O{\rightarrow}I, O{\rightarrow}IO$:$O$ 论证攻击任何论证都不会引起改变;

$I{\rightarrow}IO, I{\rightarrow}I$:$I$ 论证攻击任何论证都会使其他论证变为 O 论证,即 $I{\rightarrow}O$;

$IO{\rightarrow}I$:IO 论证攻击 I 论证,则 I 论证的状态变为 IO,即 $IO{\rightarrow}IO$;

$IO{\rightarrow}IO$:变为 O,如果还受到其他 IO 论证的攻击,且第一个 IO 论证与第二个 IO 论证之间相互攻击;反之不发生变化。

删除一条攻击关系后,后一个论证的状态变化(其中不存在 $I{\to}I$, $I{\to}IO$ 以及 $IO{\to}I$):

$O{\to}O$, $O{\to}I$, $I{\to}IO$:删除 O 论证对其他任何论证的攻击都不会引起改变;

$I{\to}O$:如果存在另一个 I 论证攻击 O 论证,则不发生改变;如果存在两个相互攻击的 IO 论证攻击 O 论证,则不发生改变;如果受一个 IO 论证攻击,则 O 论证变为 IO 论证;如果均不属于以上情况,则 O 论证变为 I 论证;

$IO{\to}O$:如果存在另一个 I 论证攻击 O 论证,则不发生改变;如果受到两个互相攻击的 IO 论证的攻击,则不发生变化;如果受另一个 IO 论证攻击,且这两个 IO 论证相互攻击,则 O 论证变为 IO;如果另一个 IO 论证不与第一个 IO 论证互相攻击,则 O 论证也变为 IO 论证;

$IO{\to}IO$:如果不受其他 IO 论证的攻击,则变为 I 论证;如果受到其他 IO 论证的攻击,则保持不变。

在稳定外延肯定存在的情况下,论证只可能有 3 种状态,重新计算论证的状态比较简单;而在优先语义下,论证有 7 种可能的状态,因此,论证状态的变化规则十分复杂。

基于划分的方法无疑提高了动态计算的效率。但是,在稳定匹配问题的论辩框架中,如果一个论证被删除或者增加,很有可能所有论证都受到了影响。因此,将论辩框架划分为受影响和不受影响的部分存在比较大的困难，很有可能无法进行划分。因此我们可以判断配对的增加或删除对初始可相容集合和初始不可相容集合的影响。当删除一个配对时，我们将相应的初始可相容集合删除，其他初始可相容集合不受影响，检测初始不可相容集合是否变为可相容集合；而在增加一个配对时，我们要逐个检查初始可相容集合是否不受影响，初始不可相容集合不发生变化。我们在此基础上继续采用基于初始可相容集合扩展的方法进行计算。

第6章

结　语

　　我们用论辩框架对稳定婚姻问题和稳定室友问题进行了形式
化,给出了论辩框架以及论辩语义的形式化定义。其中 *sm* 和 *smt* 问
题的论辩框架没有奇数攻击环,而其他匹配问题则可能出现奇数攻
击环。对于带全序偏好列表的稳定匹配问题,其论辩框架不可能出
现互相攻击的论证,因此论证只能通过其他论证来防御攻击。对于
带无差别偏好列表的稳定匹配问题,其论辩框架中的论证可能相互
攻击,论证可以进行自我防御。对于稳定婚姻问题的论辩框架,我
们用稳定语义求解稳定匹配;对于稳定室友问题,我们用优先语义
来求解。分析证明,我们所求得的稳定外延或优先外延就是稳定匹
配,而稳定匹配也一定可以用稳定语义或优先语义来求解。我们用
论辩树来证明单个配对的稳定性并判断固定配对,从论辩的角度证

明了已有的结果：一个配对如果不属于某个稳定匹配，则该配对不属于任何稳定匹配。我们对现有的论辩语义计算方法进行了简单介绍，并指出这些方法不适用于稳定匹配问题的论辩语义求解，但是 MSR 方法仍然可以提高稳定匹配问题论辩框架的计算效率。我们提出了更加符合稳定匹配问题特征的扩展计算方法。此外，我们对增加、删除配对以及改变偏好列表的情况进行了定性分析，并且简单介绍了基于划分的动态计算方法。匹配的权重、近似求解以及外部性（Pycia，2021）等也都是稳定匹配问题求解时需要考虑的问题。

与组合数学、运筹学和图论等学科的研究不同，论辩理论对稳定婚姻问题的处理更加形象、系统和灵活。我们从论辩的新角度研究稳定婚姻问题和稳定室友问题，主要有以下创新：（1）将稳定匹配问题刻画为论辩框架，使稳定匹配问题具有了形式化的系统，在逻辑上显得更为严密；（2）论辩的思想以及论证选择的过程更加符合人们的思维习惯，使稳定匹配问题的分析和求解更加具象化；（3）在稳定匹配问题的论辩框架中，原有的配对转化为论证，配对的偏好列表转化为论证间的攻击关系。因此，计算过程可以从任何一个论证开始，而不像已有的计算方法那样依赖偏好列表的顺序参数；相较于原有的基于匹配过程的算法，论辩框架的计算是更偏向结果的一种分析；（4）用论辩的语义对稳定匹配问题求解可以得出所有稳定匹配结果：既包括所有性别平等的匹配，也包括性别最优（最劣）

的匹配;此外,我们还可以根据不同的匹配要求定义不同的语义进行求解;(5)一个配对是稳定的,如果该配对在一个稳定匹配中。因此,要判定单个配对的稳定性,已有研究需要计算出一个完整的稳定匹配。而在论辩框架中,我们可以通过构造该配对相应的论证争议树来直接判定,并且可以借此判定稳定匹配的存在问题;(6)如果稳定匹配问题的参数发生改变,则稳定匹配结果是否存在、稳定匹配的数量以及稳定匹配的具体内容都会发生改变,基于论辩框架的动态性研究可以从上述各个方面进行分析,而不仅限于对单个对象的选择更优或更劣的研究。

我们对稳定婚姻问题进行了论辩形式化,给出相应的语义,并分析了语义的计算方法以及动态计算,但尚未进行实验验证。通过基于论证状态的方法来求解动态语义是否可行并且有效也需要实验的论证。这是我们今后要继续推进的研究。此外,我们分析的稳定匹配问题仅限于双边一对一和单边一对一问题,未来还可以扩展到对双边一对多、多对多问题,多边匹配问题,单边一对多问题以及稳定匹配中的循环偏好问题等。

参考文献

[1] ASHLAGI I, GONCZAROWSKI Y A. Stable matching mechanisms are not obviously strategy-proof [J]. Journal of Economic Theory,2018(177):405-425.

[2] BAUMANN R, BREWKA G. Expanding Argumentation Frameworks: Enforcing and Monotonicity Results [J]. COMMA,2010(10):75-86.

[3] BAUMANN R. What Does it Take to Enforce an Argument? Minimal Change in abstract Argumentation[C]//ECAI. 2012, 12:127-132.

[4] BENCH-CAPON T. Value based argumentation frameworks [C]//The 9th International Workshop on Non-Monotonic Reasoning (NMR 2002),2002:443-454.

[5] BIRÓ P, CECHLÁROVÁ K, FLEINER T. The dynamics of stable matchings and half-matchings for the stable marriage and roommates problems[J]. International Journal of Game Theory, 2007,36(3-4):333-352.

[6] BISQUERT P, CAYROL C, DE SAINT-CYR F D, et al. Change in argumentation systems: Exploring the interest of removing an argument[C]//International Conference on Scalable Uncertainty Management. Springer, Berlin, Heidelberg,2011: 275-288.

[7] BOELLA G, KACI S, VAN DER TORRE L. Dynamics in argumentation with single extensions: Abstraction principles and the grounded extension[C]//European Conference on Symbolic and Quantitative Approaches to Reasoning and Uncertainty. Springer, Berlin, Heidelberg,2009:107-118.

[8] CAMINADA M W A, DVOŘÁK W, VESIC S. Preferred semantics as socratic discussion [J]. Journal of Logic and Computation,2014,26(4):1257-1292.

[9] CAMINADA M. On the issue of reinstatement in argumentation [C]//European Workshop on Logics in Artificial Intelligence. Springer, Berlin, Heidelberg,2006:111-123.

[10] CAYROL C, DOUTRE S, MENGIN J. Dialectical proof

theories for the credulous preferred semantics of argumentation frameworks [C]//European Conference on Symbolic and Quantitative Approaches to Reasoning and Uncertainty. Springer, Berlin, Heidelberg,2001:668-679.

[11] CHE Y-K, KIM J, KOJIMA F. Stable Matching in Large Economies[J]. Econometrica,2019,87(1):65-110.

[12] COSTE-MARQUIS S, DEVRED C, Marquis P. Prudent semantics for argumentation frameworks [C]//17th IEEE International Conference on Tools with Artificial Intelligence (ICTAI05). IEEE,2005:568-572.

[13] DIEBOLD F, AZIZ H, BICHLER M, ET AL. Course Allocation via Stable Matching[J]. Business & Information Systems Engineering,2014,6(2):97-110.

[14] DOUTRE S, MENGIN J. Preferred extensions of argumentation frameworks: Query, answering, and computation [C]// International Joint Conference on Automated Reasoning. Springer, Berlin, Heidelberg,2001:272-288.

[15] DUNG P M, MANCARELLA P, TONI F. Computing ideal sceptical argumentation[J]. Artificial Intelligence, 2007, 171 (10-15):642-674.

[16] DUNG P M. On the acceptability of arguments and its fundamental

role in nonmonotonic reasoning, logic programming and n-person games[J]. Artificial Intelligence,1995,77(2):321-357.

[17] DUNNE P E. Computational properties of argument systems satisfying graph-theoretic constraints [J]. Artificial Intelligence, 2007,171(10-15):701-729.

[18] DVOŘÁK W. On the complexity of computing the justification status of an argument[C]//International Workshop on Theorie and Applications of Formal Argumentation. Springer, Berlin, Heidelberg,2011:32-49.

[19] EGLY U, GAGGL S A, WOLTRAN S. Answer-set programming encodings for argumentation frameworks [J]. Argument & Computation,2010,1(2):147-177.

[20] EGLY U, GAGGL S A, WOLTRAN S. Aspartix: Implementing argumentation frameworks using answer-set programming [C]//International Conference on Logic Programming. Springer, Berlin, Heidelberg,2008:734-738.

[21] EPPSTEIN D, GOODRICH M T, KORKMAZ D, et al. Defining Equitable Geographic Districts in Road Networks via Stable Matching [C]. Proceedings of the 25th ACM SIGSPATIAL International Conference on Advances in Geographic Information Systems,2017.

[22] GALE D，SHAPLEY L S. College Admissions and the Stability of Marriage ［J］. The American Mathematical Monthly,1962,69(1):9-15.

[23] GENT I P，PROSSER P，SMITH B，et al. SAT encodings of the stable marriage problem with ties and incomplete lists［C］.//The Fifth International Symposium on the heory and Applications of Satisfiability Testing (SAT 2002),2002:133-140.

[24] GUSFIELD D，IRVING R W. The stable marriage problem: structure and algorithms［M］. London: MIT press,1989.

[25] HAYASHI T，HATA Y，ISHIDA Y. A diagrammatic classification in a combinatorial problem: the case of the stable marriage problem ［J］. Artificial Life and Robotics,2012,16(4):575-579.

[26] INOSHITA T，IRVING R，IWAMA K，et al. Improving Man-Optimal Stable Matchings by Minimum Change of Preference Lists［J］. Algorithms,2013,6(2):371-382.

[27] IRVING R W. Stable marriage and indifference［J］. Discrete Applied Mathematics,1994,48(3):261-272.

[28] IWAMA K，MIYAZAKI S，MORITA Y，et al. Stable marriage with incomplete lists and ties ［C］//International Colloquium on Automata，Languages，and Programming.

Springer, Berlin, Heidelberg,1999:443-452.

[29] KNUTH D E. Stable Marriage and Its Relation to Other Combinatorial Problems: An Introduction to the Mathematical Analysis of Algorithms [M]. Rhode Island: American Mathematical Society,1996.

[30] LEONE N, PFEIFER G, FABER W, et al. The DLV system for knowledge representation and reasoning [J]. ACM Transactions on Computational Logic,2006,7(3):499-562.

[31] LI K, ZHANG Q, KWONG S, et al. Stable matching-based selection in evolutionary multiobjective optimization [J]. IEEE Transactions on Evolutionary Computation,2013,18(6):909-923.

[32] LIAO B, HUANG H. Computing the extensions of an argumentation framework based on its strongly connected components[C]//2012 IEEE 24th International Conference on Tools with Artificial Intelligence. IEEE,2012a,1:1047-1052.

[33] LIAO B, HUANG H. Partial semantics of argumentation: basic properties and empirical [J]. Journal of Logic and Computation,2012b,23(3):541-562.

[34] LIAO B, HUANG H. Partial semantics of argumentation [C]//International Workshop on Logic, Rationality and Interaction. Springer, Berlin, Heidelberg,2011a:151-164.

[35] LIAO B, JIN L, KOONS R C. Dynamics of argumentation systems: A division-based method[J]. Artificial Intelligence, 2011b,175(11):1790-1814.

[36] LIAO B, LEI L, DAI J. Computing preferred labellings by exploiting sccs and most sceptically rejected arguments [C]// International Workshop on Theorie and Applications of Formal Argumentation. Springer, Berlin, Heidelberg,2013a:194-208.

[37] LIAO B. Toward incremental computation of argumentation semantics: A decomposition-based approach [J]. Annals of Mathematics and Artificial Intelligence,2013b,67(3-4):319-358.

[38] LOVÁSZ L, PLUMMER M. Matching Theory[M]. Rhode Island: American Mathematical Society,2009.

[39] MANLOVE D F, IRVING R W, IWAMA K, et al. Hard variants of stable marriage[J]. Theoretical Computer Science, 2002,276(1-2):261-279.

[40] MANLOVE D F. Algorithmics of Matching Under Preferences [M]. Singapore: WORLD SCIENTIFIC,2012.

[41] MCDERMID E, IRVING R W. Sex-Equal Stable Matchings: Complexity and Exact Algorithms[J]. Algorithmica,2012,68 (3):545-570.

[42] MCVITIE D G, WILSON L B. Stable marriage assignment for

unequal sets[J]. BIT,1970,10(3):295-309.

[43] MCVITIE D G, WILSON L B. The stable marriage problem [J]. Communications of the ACM,1971,14(7):486-490.

[44] MODGIL S, CAMINADA M. Proof theories and algorithms for abstract argumentation frameworks. In Argumentation in Artificial Intelligence, Rahwan, I. & Simari, G. R. (eds). Heidelberg: Springer,2009. 105-129.

[45] MOELLER D, PATURI R, SCHNEIDER S. Subquadratic algorithms for succinct stable matching [C]//International Computer Science Symposium in Russia. Springer, Cham, 2016:294-308.

[46] MOGUILLANSKY M O, ROTSTEIN N D, FALAPPA M A, et al. Argument theory change through defeater activation[J]. COMMA,2010,216:359-366.

[47] MORIZUMI Y, HAYASHI T, ISHIDA Y. A network visualization of stable matching in the stable marriage problem [J]. Artificial Life and Robotics,2011,16(1):40-43.

[48] NGUYEN T, VOHRA R. Stable Matching with Proportionality Constraints[J]. Operations Research,2019,67(6):1503-1519.

[49] NIELSEN S H, PARSONS S. A generalization of Dung's abstract framework for argumentation: Arguing with sets of

attacking arguments [C]//International Workshop on Argumentation in Multi-Agent Systems. Springer, Berlin, Heidelberg,2006:54-73.

[50] NIEVES J C, CORTÉS U, OSORIO M. Preferred extensions as stable models [J]. Theory and Practice of Logic Programming,2008,8(4):527-543.

[51] OSORIO M, ZEPEDA C. Inferring acceptable arguments with answer set programming [C]//Sixth Mexican International Conference on Computer Science(ENC05). IEEE,2005:198-205.

[52] PETTERSSON W, DELORME M, GARCÍA S, et al. Improving solution times for stable matching problems through preprocessing[J]. Computers & Operations Research,2021, 128:32-56.

[53] ROTH A E, SOTOMAYOR M. Two-sided matching[J]. Handbook of game theory with economic applications,1992(1): 485-541.

[54] ROTSTEIN N D, GOTTIFREDI S, GARCÍA A J, et al. A heuristics-based pruning technique for argumentation trees [C]//International Conference on Scalable Uncertainty Management. Springer, Berlin, Heidelberg,2011:177-190.

[55] TAN J J M. A necessary and sufficient condition for the

existence of a complete stable matching [J]. Journal of Algorithms,1991,12(1):154-178.

[56] THANG P M, DUNG P M, HUNG N D. Towards a Common Framework for Dialectical Proof Procedures in Abstract Argumentation[J]. Journal of Logic and Computation,2009,19 (6):1071-1109.

[57] THURBER E G. Concerning the maximum number of stable matchings in the stable marriage problem [J]. Discrete Mathematics,2002,248(1-3):195-219.

[58] VERHEIJ B. Dialectical Argumentation with Argumentation Schemes: An Approach to Legal Logic [J]. Artificial Intelligence and Law,2003,11(2/3):167-195.

[59] VREESWIK G A W, PRAKKEN H. Credulous and sceptical argument games for preferred semantics [C]//European Workshop on Logics in Artificial Intelligence. Springer, Berlin, Heidelberg,2000:239-253.

[60] WANG X, AGATZ N, ERERA A. Stable Matching for Dynamic Ride-Sharing Systems[J]. Transportation Science, 2018,52(4):850-867.